Des Dinosaures à l'Homme

Illustrateurs:
Akira Yata; G.B. Bertelli; Chris Foss; Mark Hallett; Hiroshi Okumoto; Kasamatsu; Matteo Lupatelli; Masahi Iwasaki; Minoru Kobayashi; Nemo; Umberta Pezzoli; Ritta Nakanishi; Takumi Yamamoto; Tomohisa Monma

Autres titres de la série *Newton – Vision et découvertes*:

Les extraordinaires Phénomènes naturels	ISBN : 2-84584-037-3
Le Monde des Machines	ISBN : 2-84584-045-4
Le Corps humain	ISBN : 2-84584-038-1
La Technologie du Futur	ISBN : 2-84584-039-X
Le Monde des Animaux	ISBN : 2-84584-042-X
Chroniques du Passé	ISBN : 2-84584-040-3
La Conquête de l'Espace	ISBN : 2-84584-043-8
Du Big Bang à la Vie	ISBN : 2-84584-041-1

Informations: www.serges.fr

En collaboration avec
Newton
Les volumes *Newton – Vision et découvertes* contiennent des textes et des images du mensuel "Newton", Newton Press Inc. Japan

Co-production: Serges Media et Officine Grafiche De Agostini S.p.A., Novara

Réalisation de la version française :
Les COURS - Caen - Christian PESSEY
traduction : Madalina Florescu / Les COURS

ISBN 2-84584-044-6

Des Dinosaures à l'Homme

SERGES MEDIA

Sommaire

DINOSAURES : SECRETS ET MYSTÈRES

Dans un monde chaud et riche en végétation, les reptiles avaient conquis la terre ferme et se préparaient à grandir jusqu'à se transformer en dinosaures, les grands dominateurs de l'ère secondaire. Ces animaux gigantesques se sont répandus sur la planète dans une très large variété d'espèces et de formes, des énormes herbivores aux agiles et féroces carnivores. Certains sont allés même à la conquête des mers et ont changé leur aspect en celui de monstres marins, avec des pattes transformées en nageoires. D'autres encore se sont aventurés dans les airs : en développant une membrane similaire à celle des chauves-souris, ils ont réussi à voler. Quoique forts et résistants, les dinosaures ont cependant disparu de la face de la Terre. Les causes de leur extinction ne sont pas encore complètement expliquées, mais l'hypothèse la plus probable est celle d'un gigantesque et terrible bouleversement atmosphérique provoqué par la collision entre une météorite et notre planète.

ET L'HEURE DES "GROS LÉZARDS" SONNA

Il y a 230 millions d'années, la Terre était très différente de celle que nous voyons aujourd'hui. Il y avait un unique continent énorme, appelé Pangée, entouré par un seul océan immense. Il faisait chaud, plus chaud que maintenant, et il pleuvait rarement, même si les orages, quand ils éclataient, étaient soudains et très violents. La riche végétation était constituée par des séquoias, des pins, des sapins et de grandes plantes dont les feuilles étaient semblables à celles des fougères.
Diverses espèces d'animaux habitaient les forêts, tels qu'araignées, mille-pattes et scorpions, mais surtout, il y avait les reptiles. Ils ont donné naissance aux plus grands des animaux qui, pendant plus de 150 millions d'années, ont vécu et se sont multipliés en un très grand nombre de variétés : les dinosaures, nom qui vient du grec ancien, et signifie "lézard terrible". Un dinosaure, en effet, peut être considéré comme un super reptile qui, contrairement à ses ancêtres moins évolués, a développé des caractéristiques diverses parmi lesquelles la capacité de se mettre sur deux pattes. Le tout premier dinosaure dont on connaît l'existence était en fait un reptile agile, capable de marcher et de courir sur les pattes postérieures et d'utiliser les antérieures pour capturer ses proies et les dévorer grâce à des dents acérées comme des aiguilles. Cet ancêtre s'appelait Saltopsuchus et, même s'il ne faisait pas plus de 10 cm, peut être considéré comme l'archétype d'une famille comprenant des créatures gigantesques qui devaient dominer la planète pendant tout le Trias, le Jurassique et le Crétacé.

*Au **Trias**, la période pendant laquelle les premiers dinosaures apparurent sur la Terre, il y avait un seul continent gigantesque appelé Pangée. Au **Jurassique**, en revanche, il y avait deux continents : un au nord appelé Laurasie et un au sud le Gondwana. Plus tard, vers la fin du **Crétacé**, les deux continents se sont divisés en diverses parties : les heurts entre les masses continentales en mouvement ont provoqué la formation des diverses chaînes montagneuses.*

LE SAVIEZ-VOUS ?

LE NOM "DINOSAURE" dérive du mot grec *deinos* (terrible) et *sauros* (lézard). Le terme a été inventé en 1841 par le zoologiste anglais Richard Owen, après des nombreuses découvertes "d'étranges" os et dents fossiles d'inconnus reptiles disparus.

Trias : il y a 230 à 195 millions d'années

Jurassique : il y a 195 à 135 millions d'années

240 | 230 | 220 | 210 | 200 | 190 | 180 | 170 | 160

TRIAS — **JURASSIQUE**

Scipionyx sanniticus *: c'est le petit de dinosaure découvert il y a quelques années dans la province de Benevento (Italie) et ensuite baptisé "Ciro". Haut de 60 cm environ, il a représenté pour les chercheurs une vraie mine d'informations.*

Zoom
Pourquoi ?
Qui ?
Où ?
Quand ?
Comment ?

UN MONDE SANS LIMITES

L'hypothèse selon laquelle, à l'époque des premiers dinosaures, les terres émergées de notre planète formaient un seul continent a été formulée pour la première fois par Alfred Wegener, vers 1915. À l'époque, pourtant, personne n'a pris au sérieux son hypothèse : cependant, après des années et consécutivement aux progrès de la recherche, on a fini par lui donner raison.

Aujourd'hui on sait que le continent appelé Pangée était un unique et immense bloc de terre émergée et qu'à l'intérieur il n'existait aucune barrière géographique qui interdise aux animaux à migrer d'un lieu à un autre ; 100 millions d'années ont dû passer avant que l'unique grand océan (Panthalassa) s'infiltre entre les terres de Pangée et le divise en deux parties : l'une septentrionale, qui comprenait l'Europe, l'Asie et l'Amérique du Nord, et l'autre, méridionale, qui comprenait l'Amérique du Sud, l'Afrique, l'Australie et l'Antarctique.

Déjà plus poisson, pas encore dinosaure, tel est l'aspect que devaient avoir ces animaux qui, pour les raisons les plus diverses, ont commencé à sortir de l'eau et à vivre sur la terre ferme.

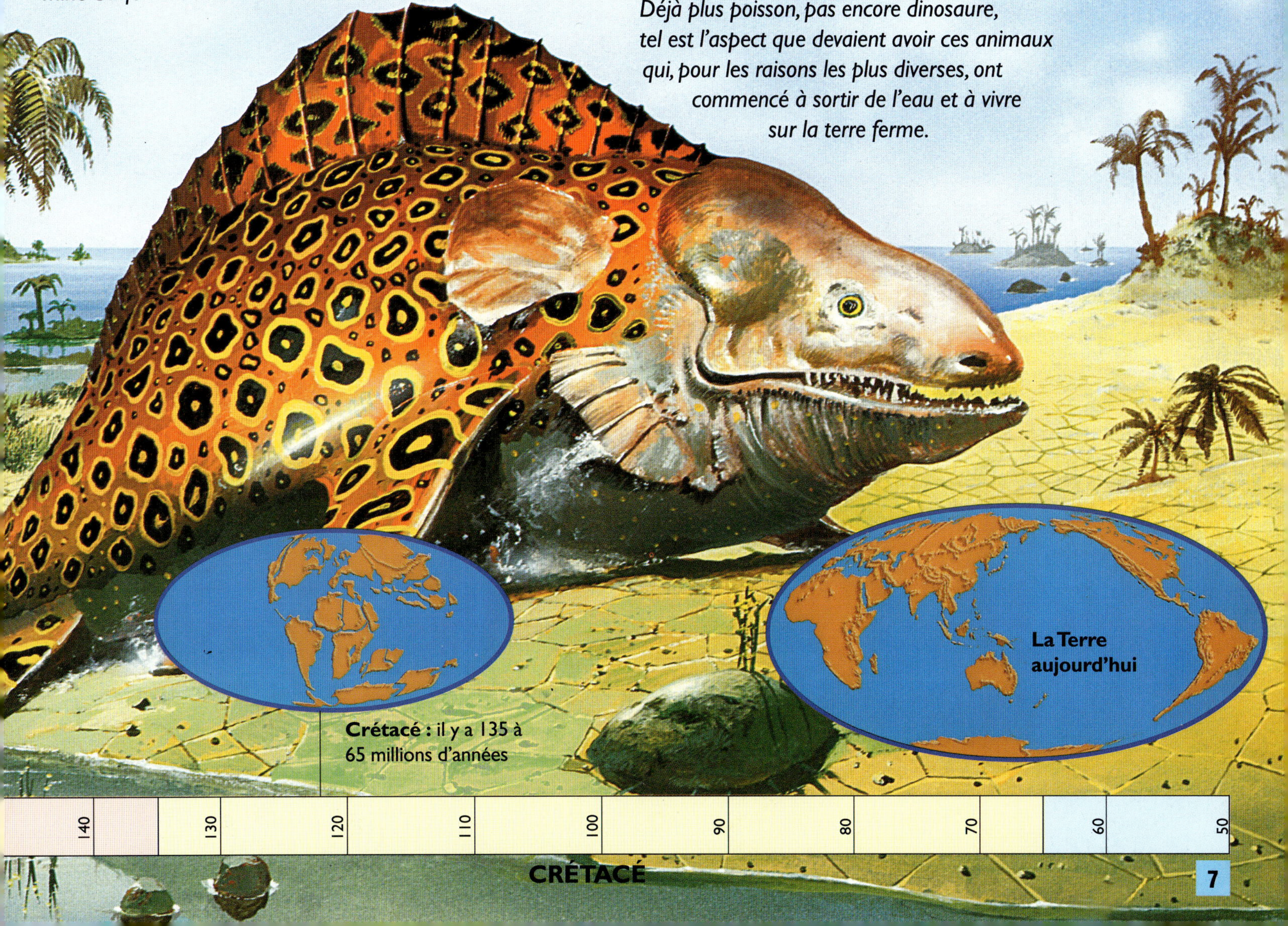

Crétacé : il y a 135 à 65 millions d'années

UN PHYSIQUE BESTIAL

L'ère secondaire est divisée par les géologues en trois périodes : le Trias (qui commença il y a 230 millions d'années), le Jurassique (qui commença il y a 195 millions d'années) et le Crétacé (qui commença il y a 135 millions d'années). La naissance des dinosaures répondait à plusieurs exigences précises de la survie. En utilisant les pattes antérieures comme des instruments de chasse, les premiers dinosaures ont augmenté leur possibilité à se procurer de la nourriture. Leur gueule était garnie de dents très efficaces avec lesquelles ils pouvaient déchirer, arracher et mâcher, alors que les reptiles communs avalaient la nourriture sans mastiquer. D'autres dinosaures n'ont pas appris à marcher sur deux pattes, mais ils ont développé tout de même des traits physiques particuliers comme une hauteur considérable ou une longueur de cou immense, grâce à laquelle ils pouvaient atteindre les fruits des arbres les plus hauts ou apercevoir les poissons et les mollusques au fond des pièces d'eau. De cette façon, les dinosaures étaient en mesure d'adopter un régime très varié et de s'assurer la possibilité à trouver de la nourriture un peu partout. Avec le temps, ces caractéristiques, précieuses pour la survie, se sont renforcées sans cesse : la structure du squelette est devenue plus robuste, les doigts des pattes se sont allongés, la peau est devenue plus épaisse et plus résistante ; et du tout premier dinosaure haut de quelques centimètres sont nés les colosses qui ont longtemps dominé notre planète.

Zoom
Pourquoi ?
Qui ?
Où ?
Quand ?
Comment ?

AVANT LES DINOSAURES

Pendant le lent passage de la domination des reptiles à celle des "terribles lézards", des êtres étranges, qui peuvent être considérés comme des parents proches des dinosaures, sont apparus sur la Terre. Parmi eux il y a l'édaphosaure (notre illustration) et le dimétrodon, grands animaux à quatre pattes, avec une grande crête dans le dos faite d'épines osseuses. Le plus féroce était le dimétrodon, un carnivore de plus de 2 m et doté d'une denture pointue. L'édaphosaure était en revanche plus pacifique, il se nourrissait presque exclusivement de végétaux et son aspect si monstrueux lui servait seulement à effrayer les éventuels prédateurs.

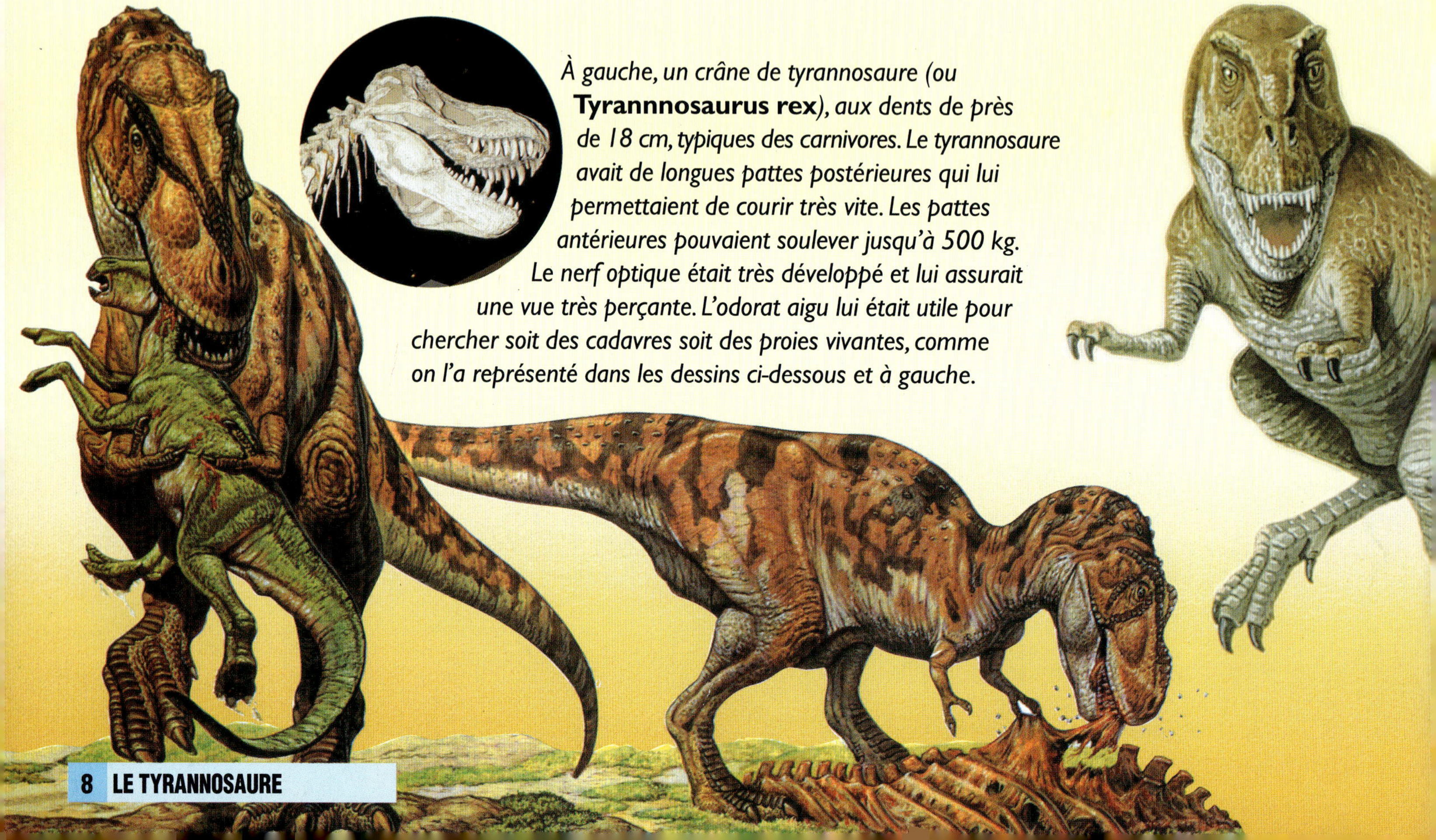

À gauche, un crâne de tyrannosaure (ou **Tyrannnosaurus rex**)*, aux dents de près de 18 cm, typiques des carnivores. Le tyrannosaure avait de longues pattes postérieures qui lui permettaient de courir très vite. Les pattes antérieures pouvaient soulever jusqu'à 500 kg. Le nerf optique était très développé et lui assurait une vue très perçante. L'odorat aigu lui était utile pour chercher soit des cadavres soit des proies vivantes, comme on l'a représenté dans les dessins ci-dessous et à gauche.*

LE SAVIEZ-VOUS ?

Pourquoi les dinosaures l'ont-ils emporté sur les autres animaux et sont devenus les dominateurs de la terre ? Avant tout parce que, en étant soit carnivores soit herbivores, ils se sont adaptés à vivre dans des milieux divers. À la différence des autres reptiles et amphibiens, par exemple, ils étaient adaptés à se déplacer sur la terre ferme et leur peau était couverte d'écailles qui retenaient l'humidité. Leurs œufs, enfin, étaient protégés par une coquille rigide. Ils ne devaient pas les déposer dans l'eau comme les autres amphibiens.

Ci-dessus, la ***patte postérieure*** *du tyrannosaure, très semblable à celles des oiseaux.*

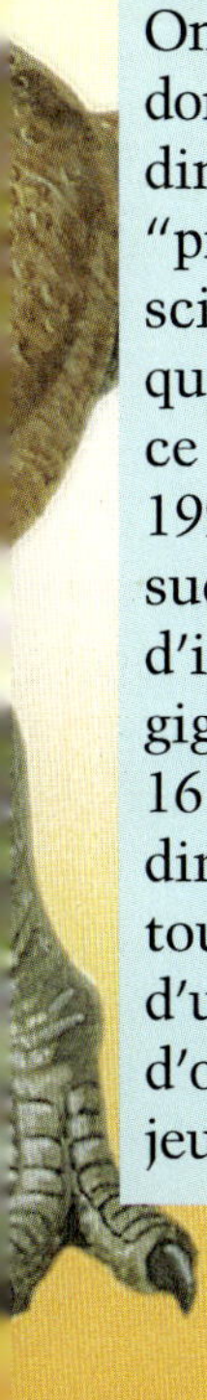

Zoom
Pourquoi ?
Qui ?
Où ?
Quand ?
Comment ?

LES PLUS VIEILLES CROTTES DU MONDE

On pourrait l'appeler le "crottosaure" étant donné le sujet, mais ce n'est pas le nom d'un dinosaure. C'est la crotte la plus ancienne du monde "produite" il y a entre 100 et 700 millions d'années. Les scientifiques qui l'ont trouvé ont jubilé : à partir de ce qu'il laissait derrière lui, il était possible de comprendre ce que le tyrannosaure mangeait. La découverte, en 1998, s'est produite dans la région du Saskatchewan sud occidental (Canada), théâtre à plusieurs reprises d'importantes découvertes de traces de dinosaures. La gigantesque crotte mesure près de 50 cm de longueur, 16 cm de largeur et 13 cm d'épaisseur (plus ou moins les dimensions d'une valise). L'analyse de son contenu est tout à fait compatible avec les habitudes alimentaires d'une bête féroce comme le tyrannosaure : environ 40 % d'os broyés qui ont appartenu, selon les chercheurs, à de jeunes dinosaures herbivores, ses proies préférées.

Les ***pattes antérieures*** *du tyrannosaure étaient courtes mais robustes. On suppose qu'elles se sont rapetissées avec le temps parce que le tyrannosaure tendait à porter son poids en avant, sa tête étant très grosse par rapport au corps.*

Monstres préhistoriques

Grâce au climat humide et chaud, il y avait sur la terre une abondance d'étangs et de marécages, qui ont constitué un habitat idéal pour certains dinosaures.
L'un d'entre eux était le brontosaure, une grosse bête de plus de 20 m de long, dotée d'une énorme masse osseuse. Son nom signifie "lézard grondeur", en rapport avec le bruit, comparable au tonnerre, que son pas très lourd devait produire.
Le brontosaure se nourrissait de plantes et d'herbe, comme beaucoup d'autres représentants de son espèce : le diplodocus, par exemple, qui, de la tête à la queue, mesurait environ 30 m, mais qui avait un cerveau aussi petit que celui d'un chat.

Brontosaure *(herbivore).*
Longueur : 21 m.
Hauteur : 8,30 m.

Mais les dinosaures n'étaient pas tous végétariens. Certains étaient carnivores, comme le tyrannosaure, le plus célèbre et le plus féroce de tous. Son corps, haut de 5 m et long de 14 m, soutenait une tête énorme dotée d'une impressionnante rangée de dents très tranchantes. Les pattes antérieures étaient courtes et dotées de griffes, alors que les postérieures étaient longues et musclées, idéales pour courir très vite. Un tel champion d'agilité est devenu rapidement le plus redouté par tous ses semblables.
L'allosaure, avec ses 6 m de hauteur et ses qualités de coureur, était l'un des rares à pouvoir lui tenir tête. Il se défendait bien, aussi sur le plan de la férocité, si bien qu'il était en mesure d'assaillir et de tailler en pièces les colossaux brontosaures, deux fois plus gros que lui.
Les dinosaures pacifiques avaient donc pour problème de se défendre contre ces carnivores. Pour cela, certains prenaient tout simplement la fuite, d'autres

Diplodocus *(herbivore).*
Longueur : 27 m.
Hauteur (du corps) : 3,60 m.
Il était plus long qu'un terrain de tennis (23,76 m).

Allosaure *(carnivore).*
Longueur : 12 m.
Hauteur : 6 m.
Sa vitesse était d'environ 8 km/h, à peu près celle d'un coureur de marathon.

Stégosaure *(herbivore).*
Longueur : 7,50 m.
Hauteur : 4 m.
Il avait de longs piquants sur la queue et des plaques osseuses sur le dos, mais il était très lent et inoffensif.

Tricératops
(herbivore).
Longueur : 9 m.
Hauteur : 3 m.
Il avait des cornes longues de 1 m et il pouvait courir à 35 km/h.

Styracosaure
(herbivore).
Longueur : 5,50 m.
Hauteur : 2,50 m.

se réfugiaient dans les eaux profondes. Mais ces méthodes n'étaient pas toujours suffisantes pour échapper aux agressions. Lentement, au fil de milliers d'années, leur corps a évolué pour produire des défenses naturelles. Ainsi est né le stégosaure, un véritable "char blindé" avec des plaques osseuses qui protégeaient son corps, et une rangée de saillies acérées sur le dos et la queue. En agitant cette dernière, le stégosaure pouvait blesser à mort le plus féroce de ses ennemis carnivores. Un autre "os dur" était le tricératops, qui se défendait grâce à ses trois grosses cornes qui lui sortaient du museau, et à une peau dure comme une cuirasse. Un parent proche du tricératops était le styracosaure, lui aussi doté d'une grosse corne pointue et d'une espèce de gros bouclier autour de la tête. Avec ses saillies et ses pointes, la tête donnait à l'animal un aspect carrément monstrueux. Quelqu'un, en somme, qu'il valait mieux ne pas trop chatouiller.

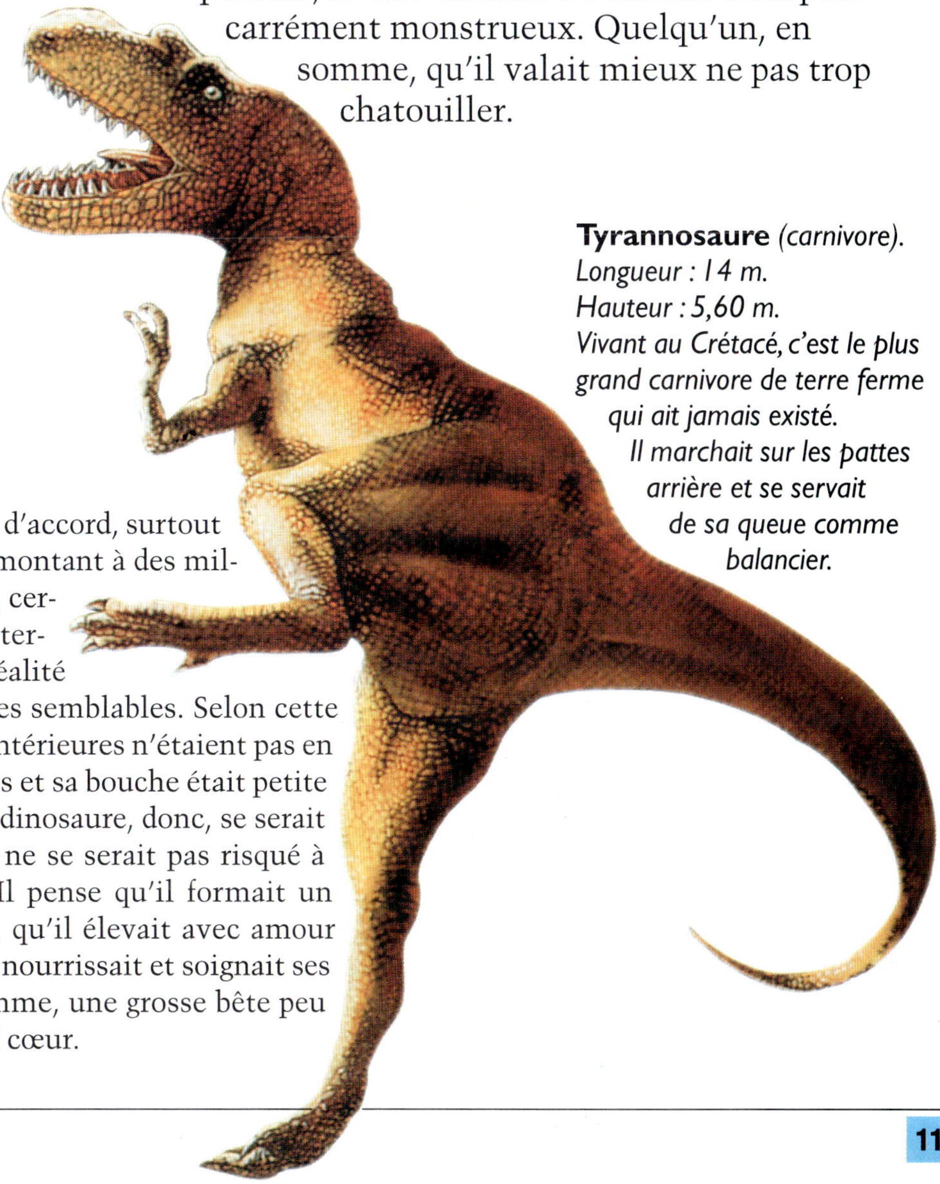

Tyrannosaure *(carnivore).*
Longueur : 14 m.
Hauteur : 5,60 m.
Vivant au Crétacé, c'est le plus grand carnivore de terre ferme qui ait jamais existé. Il marchait sur les pattes arrière et se servait de sa queue comme balancier.

TRÈS FÉROCE, OU NON ?

Les savants ne sont pas tous d'accord, surtout quand ils parlent de faits remontant à des millions d'années. Par exemple, certains soutiennent que le terrible tyrannosaure était en réalité un animal inoffensif pour ses semblables. Selon cette école de pensée, ses pattes antérieures n'étaient pas en mesure de capturer les proies et sa bouche était petite et inadaptée à la chasse. Ce dinosaure, donc, se serait nourri d'animaux morts et ne se serait pas risqué à attaquer d'autres reptiles. Il pense qu'il formait un couple uni avec sa femelle, qu'il élevait avec amour ses enfants et que, même, il nourrissait et soignait ses "proches", malades. En somme, une grosse bête peu féroce, un monstre au grand cœur.

Dominateurs

Les dinosaures ont été les "seigneurs de la Terre" pendant une très longue période : plus de 150 millions d'années. Représentés par un grand nombre d'espèces, répandues sur tous les continents, leurs caractéristiques variaient beaucoup d'une espèce à l'autre. Ils avaient des dimensions allant de quelques dizaines de centimètres à près 30 m. Suivant leur conformation anatomique, les dinosaures sont divisés en deux grands groupes : les saurischiens (ceux plus semblables aux reptiles) et les ornithischiens (plus proches des oiseaux). Les saurischiens avaient une structure similaire à celle des crocodiles. En général, leurs pattes antérieures étant très courtes, ils marchaient sur les pattes arrière et étaient donc bipèdes. Les plus grands des dinosaures terrestres, carnivores comme herbivores, ont appartenu à ce groupe. Parmi les carnivores le plus connu, le tyrannosaure, avait un crâne très robuste armé de dents effrayantes. Parmi les herbivores, les plus connus sont le brontosaure et le diplodocus, qui étaient des quadrupèdes, longs de plus de 20 m et pesant plus de 30 t. Il est possible que ces espèces aient vécu aussi dans l'eau, leurs membres étant peu capables à supporter des corps aussi lourds.

Les dinosaures du groupe des ornithischiens avaient en revanche une structure proche de celle des oiseaux. Bipèdes ou quadrupèdes, ils étaient presque tous herbivores. Parmi les plus

COMBIEN DE TEMPS VIVAIENT-ILS

L'âge des dinosaures se calcule en observant les caractéristiques des os. En particulier on observe les "anneaux" des os des dinosaures, anneaux similaires à ceux des troncs des arbres. Le système donc est le même que pour le calcul de l'âge des arbres. On pense quand même que les dinosaures auraient vécu entre 30 et 90 ans.

connus, le stégosaure, avait sur toute la longueur du dos une double crête formée de plaques cornées triangulaires et, sur la queue, deux paires de gros piquants. D'autres ornithischiens avaient un crâne très large, souvent pourvu de cornes. L'évolution des dinosaures a eu lieu dans un laps de temps très long et leur histoire nous aide à comprendre toute l'évolution de la Terre. Avec leur disparition, il y a environ 65 millions d'années, a commencé le développement des mammifères.
Après la disparition des dinosaures sur la Terre sont apparus les mammouths, qui ont vécu à l'époque des glaciations. Ce sont les ancêtres des éléphants.

***Les œufs** des dinosaures n'étaient, en général, pas plus gros que ceux d'une poule. Les plus grands jamais trouvés font 30 cm, un peu plus qu'un œuf d'autruche. Les premiers œufs de dinosaure ont été trouvés dans le désert de Gobi, en Mongolie, en 1922. C'étaient ceux d'un protocératops.*

Zoom
Pourquoi ?
Qui ?
Où ?
Quand ?
Comment ?

LES TENDRES MAMANS DINOSAURES

On sait avec certitude que certains dinosaures couvaient leurs œufs et qu'ils s'occupaient de leurs petits. Les plus célèbres sont les femelles de maïasaures, herbivores au museau proche de celui des chevaux, et dont le corps faisait environ 7 m de long. Ces mamans dinosaures se déplaçaient vers les zones sèches et protégées, et elles construisaient là leurs nids, les uns à côté des autres. Il s'agissait de grandes cuvettes boueuses, larges de 2 m et profondes de 1 m, où elles déposaient environ 25 œufs en cercles concentriques. On ne sait pas ce qu'elles faisaient après : peut-être couvaient-elles, peut-être couvraient-elles le nid de matériaux chauds pour les tenir à la bonne température. Il est certain, en revanche, qu'elles portaient la nourriture à leurs petits jusqu'à ce qu'ils soient en mesure de se la procurer tout seuls (à droite, petit de protocératops).

DANS LES MERS, AVEC DES NAGEOIRES…

Certains dinosaures utilisaient les eaux des lacs et de la mer comme refuge temporaire devant les prédateurs. Considérant le problème que devait constituer, pour certaines espèces comme les brachiosaures, une masse corporelle qui atteignaient 50 t, les scientifiques ont pensé, dans un premier temps, que ces animaux exploitaient la poussée de l'eau pour bouger plus facilement. Ils ont donc considéré qu'ils étaient des essentiellement aquatiques. Après des études plus approfondies, on est arrivé, toutefois, à la conclusion qu'il s'agissait certainement d'animaux terrestres capables de se déplacer agilement dans l'eau. D'autres

*Les **monolophosaures** (dans la grande illustration) faisaient aussi partie des gigantesques herbivores dotés d'une tête relativement petite, d'une queue développée et d'un cou massif. Ils marchaient à quatre pattes, tout en étant capables de courir debout sur les pattes arrière.*

Brachiosaure *(herbivore). Longueur : 23 m. Hauteur : 12 m. Il avait la queue courte et épaisse et les pattes antérieures étaient plus longues que les postérieures. Il pesait environ 50 t, à peu près l'équivalent de 10 éléphants. Il avait un estomac énorme et il mangeait probablement des feuilles du matin au soir (environ 1,5 t de végétaux par jour).*

reptiles ont choisi de vivre dans les eaux marines, adaptant leur corps au nouveau milieu. Ils devinrent ainsi des animaux marins, très habiles à la nage, avec les pattes aplaties, transformées en une sorte de nageoires, la queue constituant un grand gouvernail. L'unique caractéristique qui les différenciait des poissons était la manière de respirer, puisque, dotés de poumons et non de branchies, ils devaient de temps en temps émerger pour prendre de l'air. L'ichtyosaure ressemblait à un très long lézard au museau de dauphin, avec une dentition de crocodile. Le plésiosaure était doté d'un cou très long, qu'il utilisait presque comme un périscope, en le pointant au-dessus de la surface de l'eau pour détecter les proies à capturer.

*Le **cœlacanthe**, "le fossile vivant", est long de 1,50 m environ et pèse à peu près 60 kg (dans la photo ci-dessus, un exemplaire venant d'être péché). Il vit dans les grottes marines, à 200-300 m de profondeur, et il n'abandonne sa tanière qu'au coucher du soleil. On l'a découvert dans les eaux des Comores, dans l'Océan Indien, au large des côtes de l'Afrique, entre le Mozambique et le Madagascar. Les pécheurs indigènes de la zone conservaient sa chair dans la saumure et utilisaient sa peau comme papier abrasif.*

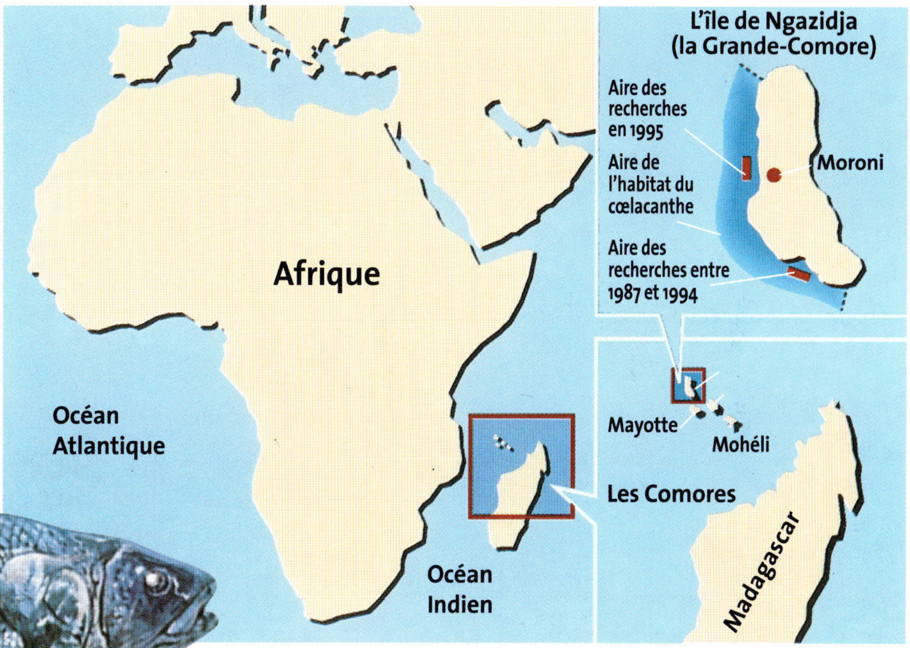

*L'**ichtyosaure** était un "poisson lézard" qui a vécu il y a 150 millions d'années. Un reptile marin de forme très proche de celle du dauphin.*

Zoom
Pourquoi ?
Qui ?
Où ?
Quand ?
Comment ?

LE CŒLACANTHE, UN SURVIVANT

En 1938, une découverte vraiment incroyable a été faite : dans les eaux proches de l'Afrique du Sud on a pêché un étrange poisson qui, rapidement, a été identifié comme l'exemplaire unique d'une espèce vivant à l'époque de dinosaures, et que tous croyaient éteinte depuis bien de temps. Ce poisson, appelé cœlacanthe, était pourtant resté vivant depuis le Secondaire, et avait conservé intactes ses caractéristiques "primitives" : écailles dures, épine dorsale tubulaire, nageoires en forme de pelle. Les indigènes de la région connaissaient depuis longtemps ce poisson, qu'ils pêchaient, et utilisaient de différentes façons.

Instruments de vol sophistiqués

Si les plus reptiles volants primitifs étaient assez petits (pas plus grands qu'un pigeon), ceux de la famille du ptérodactyle ont atteint des dimensions considérables, avec une envergure atteignant 12 m. Certains avaient aussi sur la tête une grande crête qui fonctionnait comme un instrument de vol sophistiqué. Elle était, en effet, utilisée comme une sorte de gouvernail, pour freiner l'atterrissage et pour disperser la chaleur lors des déplacements aériens.

Zoom
Pourquoi ?
Qui ?
Où ?
Quand ?
Comment ?

DERNIÈRES NOUVELLES

La découverte la plus récente sur l'ancêtre des oiseaux date de 1998. Il s'agirait d'un petit reptile qui mangeait de la viande et qui vivait en Chine il y a 145 millions d'années. Au nord de Pékin, plusieurs chercheurs ont trouvé les fossiles de deux animaux, dont l'un semble le jumeau du vélociraptor (celui du film "Jurassic Park"), mais il a vécu il y a 70 millions d'années, donc bien après le vélociraptor que nous connaissons. On les baptisa *Protoarchaeopteryx robusta* et *Caudipteryx zouy,* leur principale caractéristique étant la présence de plumes. Les deux animaux marchaient sur des longues pattes postérieures, les antérieures étant courtes et se terminant par un éventail de plumes, tout comme la queue. Le premier était à peu près de la taille d'une dinde et l'autre faisait environ 1 m de haut. Pour les chercheurs, il est certain que ces reptiles emplumés étaient incapables à voler, mais ils devaient être capables de planer rapidement. Cette découverte induit cependant, et c'est le plus important, que les ailes et les plumes seraient apparues avant que de tels animaux puissent voler.

Parades nuptiales

*Il semble que la longue crête servait aussi aux mâles des ptérodactyles pour appeler les femelles : comme les paons font la roue pour attirer les femelles. Parmi les reptiles munis de crête, le plus "galant" de tous était l'**hadrosaure** (à gauche), qui utilisait son nez comme trompette et pour émettre un chant d'amour.*

… ET DANS LES AIRS, AVEC DES PLUMES

Si une partie des grands reptiles a pris le chemin de la mer, l'autre a choisi celui des airs. Les raisons qui les ont poussés à conquérir les cieux ne sont pas encore complètement connues, mais la découverte de certains fossiles démontre clairement la transformation de pattes antérieures en grandes ailes grâce à une membrane similaire à celle des chauves-souris. Étant très gros, ces reptiles volants avaient besoin d'un tremplin pour prendre leur envol. Ils devaient grimper souvent sur des rochers, pour les utiliser comme rampe de lancement, d'où ils planaient. Le plus connu de ces reptiles est le ptérodactyle, dont le nom signifie "doigts ailés". Munis d'une courte queue, d'ailes très amples et d'un crâne allongé, les ptérodactyles étaient de diverses tailles : les plus petits ressemblaient à des moineaux, les plus grands à des faucons. On suppose qu'ils vivaient en groupes très nombreux et qu'ils dormaient ensemble dans les grottes.

Les origines des oiseaux actuels ne doivent pas être recherchées dans ces monstres ailés. L'ancêtre des oiseaux, en effet, appartenait à une famille différente, bien que similaire, en partie, à celle des reptiles. On l'appelait archéoptéryx et il volait à l'époque des dinosaures. Il a en commun avec les reptiles les doigts des ailes, la queue osseuse et la gueule, munie de dents. En revanche, il possédait des plumes, un fait vraiment insolite pour l'époque. Ces plumes auront remplacé la membrane de peau des autres reptiles volants, et auront permis la naissance des futurs oiseaux.

*L'**archaeoptéryx** ("aile ancienne") est le plus ancien ancêtre connu des oiseaux. Il avait les plumes d'un oiseau et la bouche d'un dinosaure, armée de dents effilées et pointues. Il se nourrissait probablement d'insectes de différentes tailles.*

Zoom
Pourquoi ?
Qui ?
Où ?
Quand ?
Comment ?

EN COULEUR OU EN NOIR ET BLANC ?

Depuis leur disparition, les seules traces restées à notre disposition pour reconstruire le monde des dinosaures sont les fossiles, c'est-à-dire les restes pétrifiés qui se sont conservés dans la terre et à l'intérieur des roches, et qui sont restés intacts au fil des millénaires. À partir des fossiles, les scientifiques cherchent à savoir quelle était la couleur de la peau des dinosaures. Certains, sans doute les plus grands, qui n'avaient pas besoin de se camoufler, avaient une couleur de peau neutre (un gris similaire à celui des éléphants). Les plus petits, en revanche, obligés de fuir les prédateurs et de se fondre dans le milieu environnant, avaient probablement des écailles bariolées.

Vélociraptor

*Même Steven Spielberg, le metteur en scène de "Jurassic Park" et du "Monde Perdu" a dû se poser la question de la couleur à donner aux dinosaures de ses films. Dans la photo de gauche, la préparation d'une scène avec le **vélociraptor**, dinosaure carnivore agile et très rapide. Il pouvait changer de direction en manœuvrant la queue comme un gouvernail et il était capable d'atteindre 50 km/h.*

La grande extinction

Les illustrations ci-dessus représentent en quatre phases le changement de climat qui se serait produit après l'impact de la météorite avec la Terre.

1 *La collision provoqua un ras de marée et un tremblement de terre.*

2 *Une nappe de gaz et de cendres forma une barrière contre les rayons solaires. Les plantes, privées de la lumière du soleil, sont mortes comme les dinosaures et la plupart des herbivores, restés sans leur nourriture principale. Un très long hiver commença.*

Pourquoi les géants qui avaient réussi à s'adapter à des milieux très divers, pourquoi les reptiles qui avaient conquis le ciel et la terre, ont-ils disparu de la surface de la planète ? Quelles sont les raisons d'une des plus grandes extinctions de l'histoire du monde ?
Beaucoup d'hypothèses ont été formulées quant à la disparition des dinosaures. Certaines soutiennent qu'une variation climatique et une augmentation des écarts entre les saisons les ont fait mourir de froid, d'autres que les plantes dont ils se nourrissaient ont disparues, d'autres encore que les premiers mammifères ont commencé à se nourrir de leurs œufs et ont ainsi bloqué leur cycle reproductif.
La plus probable (et la plus récente) parmi toutes ces hypothèses est née en 1978, après que plusieurs scientifiques aient trouvé des traces d'iridium dans certains fossiles remontant à la période finale de la domination des dinosaures. L'iridium est un élément qui se trouve difficilement sur la Terre et qui, en revanche, se trouve à l'intérieur des météorites. Cette découverte a fait penser à une catastrophe naturelle, causée par l'impact avec notre planète d'une colossale météorite, qui serait tombé en Amérique centrale. En effet, on a découvert sur les fonds marins, dans le Golfe du Mexique, un grand demi-cercle qui coïncide parfaitement avec un autre demi-cercle dans la péninsule du Yucatán : un cratère de 230 km environ, qui correspondrait à l'impact d'un astéroïde de 10 km de diamètre. La terrible collision aurait causé un ras de marée et un tremblement de

3 *Pluies acides et froid ont détruit une grande part des formes de vie terrestre.*

4 *Après la grande glaciation, le climat est retourné lentement à la normalité. Les glaces ont fondu, le niveau des mers a remonté et même la végétation a repris.*

terre vraiment épouvantables, et aurait soulevé une quantité de terre et de roches pulvérisées si importante que les niveaux du bioxyde de souffre et de carbone dans l'atmosphère aurait soudainement augmenté. Une chape de gaz et de poussière se serait formée, si épaisse qu'elle aurait empêché les rayons du soleil d'atteindre la Terre. Ainsi aurait commencé une période de glaciation accompagnée de grandes quantités de pluie acide, pendant laquelle presque toutes les plantes seraient mortes. Un événement aussi catastrophique aurait pu, en effet, causer la mort d'animaux aussi résistants que les dinosaures. Certains, pourtant, ne croient pas à cette hypothèse et ils se demandent comment d'autres espèces animales auraient été sauvées de l'extinction dans de telles conditions. Certains êtres vivants, pourtant, auraient réussi à survivre et à s'adapter aux conditions du nouvel environnement, alors que les gigantesques reptiles n'auraient plus trouvé de nourriture suffisante, leur corps à sang froid n'ayant pas supporté la diminution de température.

ANIMAUX À SANG FROID

Les reptiles sont des animaux poïkilothermes (à sang froid). Cela veut dire que la température du corps n'est pas constante et qu'elle varie selon qu'ils se trouvent au soleil ou à l'ombre. Les lézards et les serpents, par exemple, sont des animaux à sang froid. Les mammifères, eux, sont des animaux homéothermes (à sang chaud) : l'homme, aussi, sont un "animal à sang chaud". Les dinosaures étaient des reptiles et donc des animaux à sang froid, bien que certains étaient sans doute à sang chaud.

SUR LES TRACES DES "DINO"

Le "mappemondosaure"

Les dinosaures ont vécu à une époque où la planète Terre était très différente de celle que nous connaissons aujourd'hui. La carte ci-dessus montre le monde actuel, avec les lieux où l'on a trouvé des traces et des fossiles de diverses espèces de dinosaures.

Dans le dessin ci-dessus, un ***stégosaure*** *semble se diriger mélancoliquement vers l'extinction. Les traces des anciens maîtres de la Terre, apparus il y a 250 millions d'années et disparus il y a 65 millions d'années, sont cependant parvenues en partie jusqu'à nous. Lézards, iguanes et crocodiles sont restés, d'une certaine manière, pour nous rappeler leurs lointains et gigantesques parents.*

Zoom
Pourquoi ?
Qui ?
Où ?
Quand ?
Comment ?

LEUR ARRIVENT-ILS DE REVENIR ?

En 1852, il n'existait normalement plus un seul dinosaure à la surface de la terre. Pourtant, les marins d'un bateau nommé Monongahela assurent avoir aperçu entre les vagues un horrible monstre marin, avec une crête sur tout le dos. Alors qu'on était sur le point de le capturer, cet être opposa une immense résistance et réussi à fracasser deux barques. S'agissait-il d'un descendant des dinosaures marins, un des derniers représentants de ce monde lointain et perdu ?

Aujourd'hui de tels animaux sont rayés depuis longtemps de la circulation. Exception faite, peut-être pour "Nessie" le célèbre Monstre du loch Ness qui, selon les descriptions de ceux qui soutiennent l'avoir vu, semble vraiment ressembler aux anciens reptiles qui habitaient la mer du secondaire...

ADIEU LE SINGE, BONJOUR L'HOMME !

L'homme et le singe ont des ancêtres communs. Telle fut la découverte du naturaliste anglais Charles Darwin. Par la suite, les scientifiques ont cherché à résoudre le mystère des origines de l'homme. Tout a commencé quand nos ancêtres les plus lointains ont commencé à se tenir sur deux jambes pour s'adapter aux changements climatiques et environnementaux de la planète, et se procurer la nourriture avec plus de facilité. Ainsi, une nouvelle espèce était née, en mesure de marcher et d'utiliser ses mains comme des précieux instruments. Trapu, bas et simiesque, cet être a progressivement évolué au fil des millénaires. Il a appris à fabriquer des armes et à allumer le feu. Et, lentement, il est devenu *Homo sapiens sapiens*, le nom scientifique de l'homme moderne.

La longue marche du singe à l'homme

À gauche, un dessin satirique contre Charles Darwin.

Ci-dessous, un portrait du naturaliste anglais.

La publication, en 1859, du résultat des recherches du savant Charles Darwin, en Angleterre, déclencha un véritable scandale. Certains universitaires et la plupart des gens d'église crièrent au scandale. Ses conférences – au cours desquelles les dames sensibles s'évanouissaient – furent le théâtre d'âpres controverses. Le motif de tout ce tapage était la thèse de fond soutenue par Darwin dans son œuvre "L'origine des Espèces". Pour le naturaliste anglais, toutes les espèces animales dérivent d'autres espèces précédentes, par le biais d'imperceptibles variations qui se produisent pendant des temps très longs, et qui sont le fruit d'une "sélection naturelle" imposée par le milieu. Essayons d'appliquer cette théorie à

Zoom
Pourquoi ?
Qui ?
Où ?
Quand ?
Comment ?

PARESSEUX MAIS GÉNIAL

Charles Darwin, le père de la théorie de l'évolution, est né le 12 février 1809 dans la petite ville anglaise de Shrewsbury. Très attiré par la nature, ce n'était pas un élève modèle et son père lui reprochait de ne s'intéresser "qu'à la chasse, aux chiens et à attraper des souris". Embarqué comme naturaliste sur un navire en 1835, il est arrivé dans les îles Galápagos, en Amérique de Sud, où il a été fasciné par la grande variété d'animaux et, en particulier, par les nombreuses espèces de pinsons, dont la forme variait en fonction de l'habitude alimentaire. Il était probable qu'à partir de quelques oiseaux qui, à l'origine, habitaient l'archipel s'étaient développées des espèces diverses, les mieux adaptées à chaque île. Cette intuition est à l'origine de sa théorie, selon laquelle chaque espèce évolue et se modifie en conservant et en développant les caractéristiques les plus adaptées à son environnement.

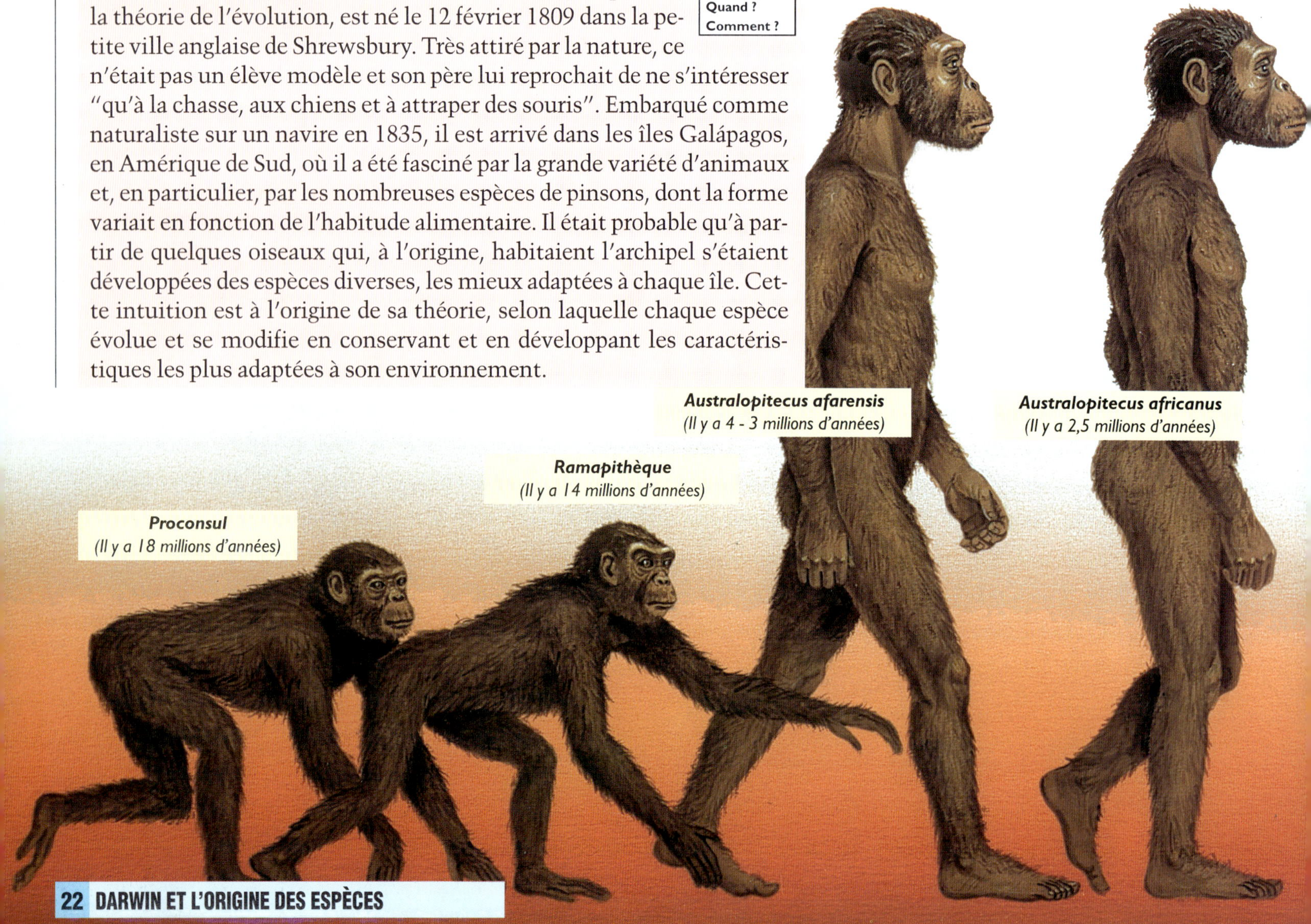

l'homme. La grande ressemblance entre les êtres humains et les singes, à l'aspect presque humain ("anthropomorphes"), signifie que l'un et l'autre descendant d'une espèce ayant existé il y a très longtemps : un ancêtre commun avec lequel soit l'homme, soit les singes sont apparentés. Aujourd'hui, cette idée est communément admise, mais il y a un peu plus d'un siècle elle était considérée scandaleuse : comment l'homme pouvait-il être le parent d'un habitant poilu et sauvage des forêts ! Et pourtant, il suffit d'aller au zoo et de regarder un chimpanzé ou un gorille pour s'apercevoir qu'il y a bien quelque chose de commun entre nous. À la différence d'autres singes, ils n'ont pas de queue, leur crâne est plus développé et leur squelette est similaire au nôtre, avec un large thorax et des membres longs par rapport au corps. Leurs expressions et leurs mimiques faciales les font beaucoup ressembler aux êtres humains.

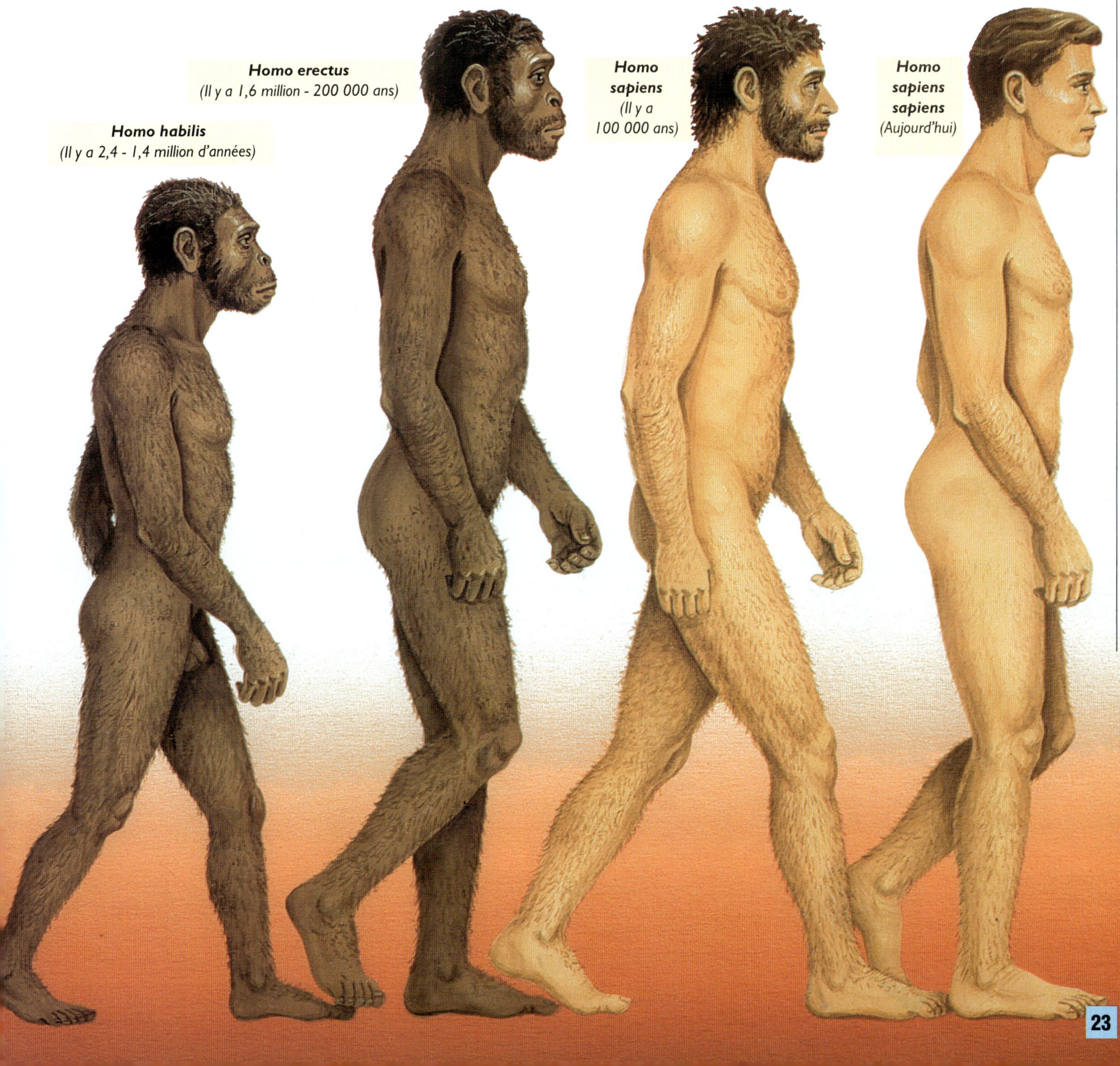

ET L'HOMME REDRESSA LA TÊTE !

Évidemment s'il y a des ressemblances, il y a aussi de grandes différences entre l'homme et le singe, et ce sont ces dernières qui nous distinguent de nos lointains parents.
La différence principale est la capacité de l'homme à marcher debout, une capacité qu'aucun autre primate ne possède en permanence. C'est justement le fait de se tenir solidement sur les membres postérieurs, au lieu de marcher à quatre pattes, qui a amorcé la série de changements extraordinaires qui, pendant des millions d'années, ont transformé le corps des singes jusqu'à lui faire prendre les formes et la structure des êtres humains actuels. Ce lent et inexorable changement est appelé "l'évolution" et l'on peut tenter de reconstruire le tableau exact de nos origines en suivant les étapes de celle-ci.

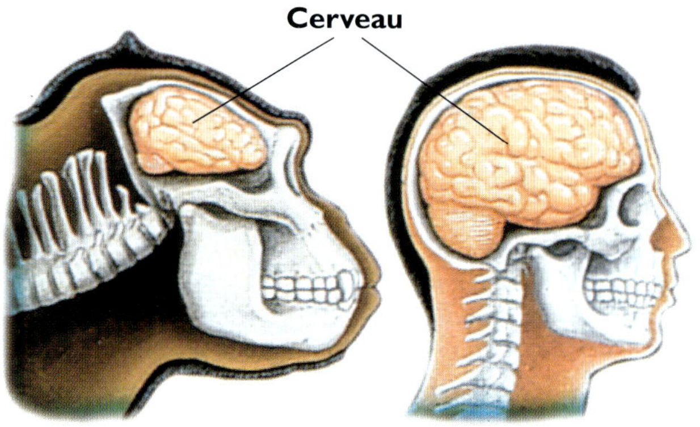

Le volume du cerveau d'un gorille (à gauche) est de 500 cm³ environ ; celui de l'homme (à droite) est d'environ 1 450 cm³.
La croissance du cerveau est l'un des signes majeurs de l'évolution du singe à l'homme. La croissance du crâne (et donc du cerveau) a été sans doute été rendue possible par la conquête de la position debout.

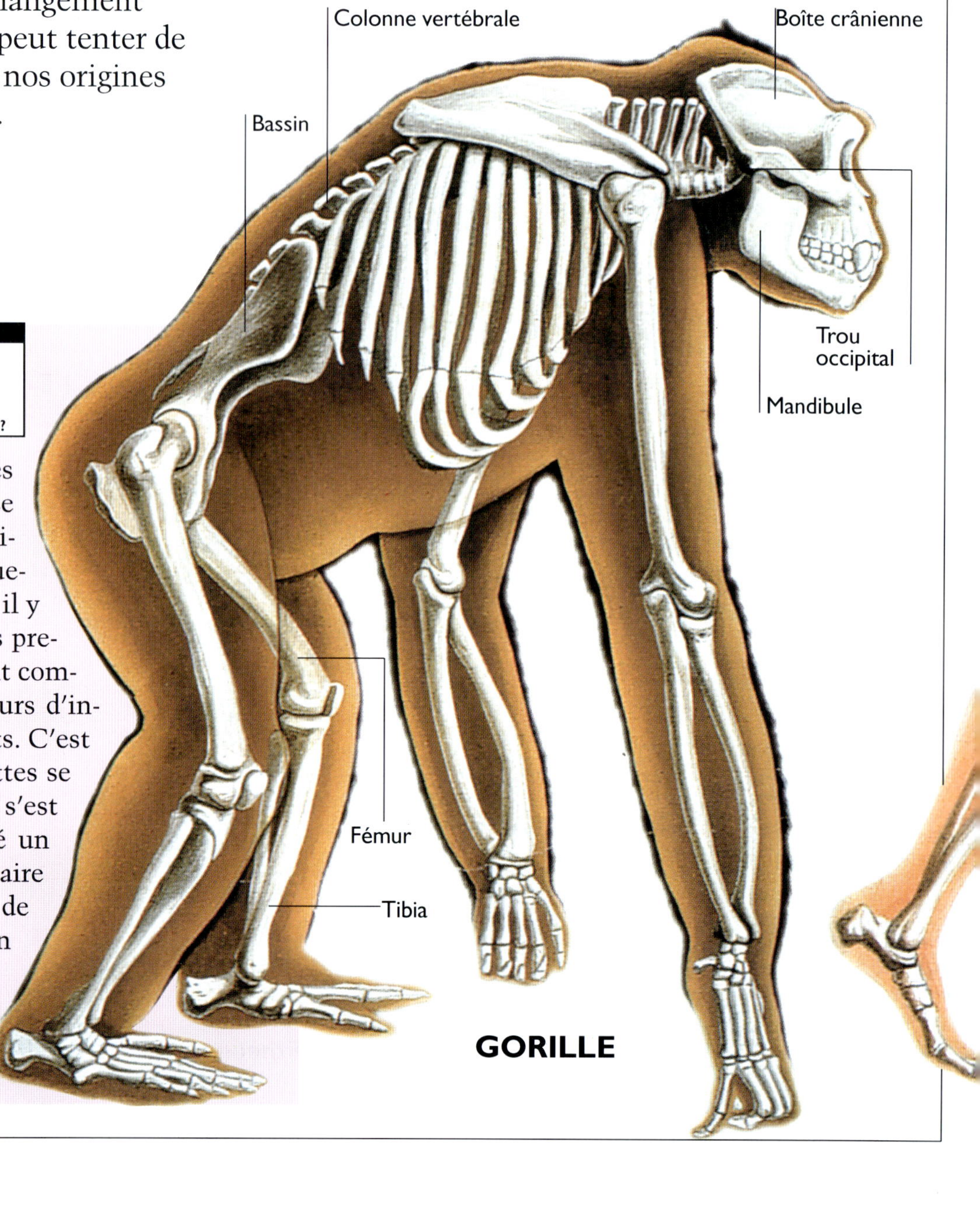

GORILLE

Zoom
Pourquoi ?
Qui ?
Où ?
Quand ?
Comment ?

NÉS AVEC LES FLEURS

Les ancêtres des singes, c'est-à-dire nos parents les plus éloignés, sont à leur tour les fruits de l'évolution d'une espèce précédente et ils descendent d'animaux qui se nourrissaient uniquement d'insectes. Quand cependant, il y a environ 70 millions d'années, les premières plantes à fleurs et à fruits ont commencé à se développer, les mangeurs d'insectes ont appris à cueillir les fruits. C'est ainsi qu'au fil des siècles, leurs pattes se sont allongées, la cage thoracique s'est élargie et les pattes ont développé un doigt en plus : celui qui était nécessaire pour attraper le fruit et le détacher de la branche. Dans un certain sens on peut dire que l'aube du genre humain coïncide avec l'apparition des fruits sur la Terre.

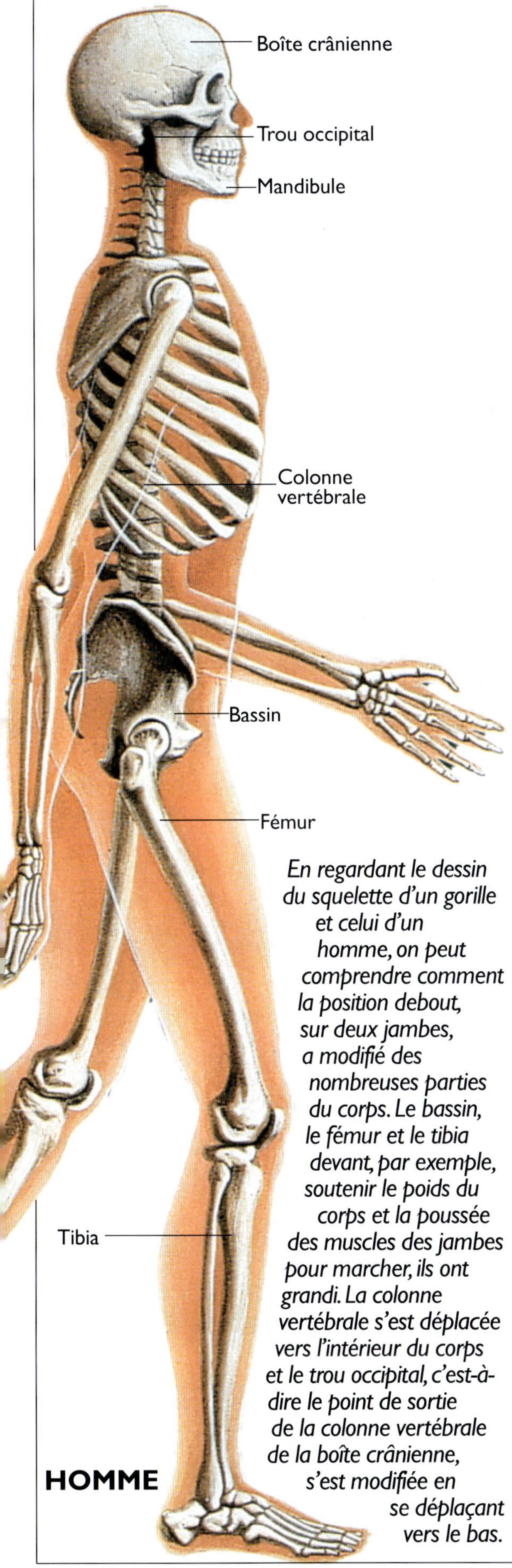

HOMME

En regardant le dessin du squelette d'un gorille et celui d'un homme, on peut comprendre comment la position debout, sur deux jambes, a modifié des nombreuses parties du corps. Le bassin, le fémur et le tibia devant, par exemple, soutenir le poids du corps et la poussée des muscles des jambes pour marcher, ils ont grandi. La colonne vertébrale s'est déplacée vers l'intérieur du corps et le trou occipital, c'est-à-dire le point de sortie de la colonne vertébrale de la boîte crânienne, s'est modifiée en se déplaçant vers le bas.

Des griffes aux ongles

Quand les fruits sont apparus sur Terre, les singes ont été les premiers à en consommer, en rompant avec les habitudes de leurs ancêtres, qui se nourrissaient d'insectes. En dehors d'un changement dans l'alimentation cela a signifié aussi une série de transformations du corps. Par exemple, la cage thoracique, à force d'embrasser les troncs des arbres, s'est élargie en permettant à l'animal de mieux grimper. Pour la même raison, les griffes, peu commodes pour grimper, avec le temps se sont aplaties en se transformant en ongles.

LE CHAÎNON MANQUANT

Les scientifiques recherchent depuis des années (pour l'instant sans résultat) l'être qui se situe à la bifurcation du singe et des premiers hominidés. On sait qu'à l'origine il y avait le singe proconsul, auquel a succédé le ramapithèque, un animal à l'aspect simiesque qui a vécu sur Terre il y a 14 millions d'années. Les grands singes (chimpanzé et gorille) d'un côté, et les australopithèques africains de l'autre, sont nés de son évolution. Celui qui manque est, pourtant, le chaînon entre les deux stades de l'évolution. Le plus ancien fossile d'hominidés, en effet, remonte à 4,5 millions d'années. Entre lui et le ramapithèque, il reste un intervalle de près de 10 millions d'années, un grand trou noir où il y a eu un passage fondamental dans l'histoire du genre humain. La recherche du chaînon manquant continue.

Ramapithèque

L'adaptation à un milieu plus sec, caractéristique de l'actuelle savane africaine, a été pour nos ancêtres une véritable école de survie. Il fallait se défendre et attaquer, et être très habile pour survivre dans un tel milieu.

Zoom
Pourquoi ?
Qui ?
Où ?
Quand ?
Comment ?

PAROLE D'HOMME

Le langage humain, et avant lui la capacité de l'homme à articuler des sons, ont également une explication liée au cheminement de l'évolution. Avec la position debout, en effet, le larynx – un organe de la gorge indispensable pour l'articulation des sons – des premiers hominidés s'est déplacé. Quelqu'un ayant le larynx dans une position différente (par exemple dans la position des chimpanzés) serait incapable de parler, alors qu'il pourrait s'exprimer dans le langage des signes des sourds-muets. L'homme est le seul être à avoir une anatomie qui lui permet de communiquer par la parole. Ce fait, et les dimensions remarquables de son cerveau, lui ont permis de développer toujours davantage sa capacité à s'exprimer et à communiquer.

Se tenir droit sur deux jambes

Aujourd'hui la théorie de l'évolution est étudiée à l'école et nous avons tous accepté, désormais, le fait que l'homme et les singes aient des ancêtres communs. Il reste pourtant à comprendre ce qui a fait que la séparation s'est produite et que l'homme est devenu ce qu'il est aujourd'hui. Le tournant remonte à 15 millions d'années, époque où la température de la Terre a diminué de façon considérable, en même temps que le paysage de certains territoires se transformait radicalement. À l'ouest du monde, le paysage est resté le même, alors que, dans la zone où se trouve actuellement l'Afrique, les pluies ont diminué en déclenchant une longue période de sécheresse. Si dans un climat plus humide ces terres étaient riches en forêts, avec l'arrivée de la sécheresse, en revanche, c'est la savane qui s'est imposée, un paysage fait de grandes étendues herbeuses avec peu d'arbres. Pour survivre dans ce nouveau milieu les singes, qui, jusqu'alors, se déplaçaient en sautant d'une branche à une autre, ont été obligés de changer leurs habitudes : comme les végétaux et les fruits manquaient, ils s'adaptèrent, mangeant un peu de tout ; ils apprirent à se tenir debout pour repérer les éventuels prédateurs mais, surtout, ils commencèrent à se déplacer sur le sol. Autrement dit, ils ont appris l'art difficile de marcher.

Avec la sécheresse, les forêts se sont transformées en savanes, faites des grands espaces avec peu d'arbres. Un être comme le chimpanzé a été contraint de se tenir debout, souvent sur deux pattes pour se défendre. Un fossile de ces hominidés (qui ont vécu il y a 5 millions d'années et qui sont considérés comme les plus anciens ancêtres de l'homme) a été découvert, en 1992 en Éthiopie et on lui a donné le nom de ***ardipithecus ramidus*** *(ramid = racine).*

D'après les chercheurs, nos ancêtres représentés dans ce dessin, en dehors de végétaux se nourrissaient aussi de lézards, et d'œufs qu'ils volaient dans les nids.

Zoom
Pourquoi ?
Qui ?
Où ?
Quand ?
Comment ?

DEBOUT, C'EST MIEUX !

Parmi les principales raisons qui ont poussé nos ancêtres à se mettre en position verticale, il y a certainement celle de cueillir les fruits des arbres. Mais ce n'est pas la seule. Debout, on peut voir plus loin, et donc mieux repérer les dangers. En libérant ses mains, on peut jeter des pierres pour se défendre et attaquer, on peut transporter la nourriture. En outre, dans un paysage avec peu de végétation, en se mettant debout, on est moins exposé aux rayons du soleil.

La conquête des mains

La position debout a produit beaucoup de changements fondamentaux dans la structure anatomique de ces nouveaux êtres, les hominidés. Leurs pieds se sont modifiés pour mieux s'appuyer sur le sol : les doigts sont devenus plus courts et le premier doigt (le gros orteil) s'est positionné parallèlement aux autres et s'est élargi pour pouvoir écraser avec force le sol. Les os des jambes se sont faits plus longs et robustes, le fémur et le tibia se sont renforcés pour soutenir le poids du corps. Le bassin est devenu plus large et la colonne vertébrale s'est modelée de façon à favoriser la démarche verticale. Enfin, le crâne s'est positionné différemment sur la colonne et, de cette façon, il a pu s'agrandir et contenir un cerveau toujours plus gros. Autre conséquence de la position debout, les deux membres supérieurs furent libérés de la nécessité de s'appuyer par terre pour marcher : ils pouvaient désormais être utilisés à autre chose. C'est ainsi qu'au cours de millions d'années, l'évolution aura permis à ce nouvel animal d'utiliser ses mains pour construire des outils et des armes avec les pierres, d'allumer des feux et aussi peindre la paroi des cavernes où il vivait.

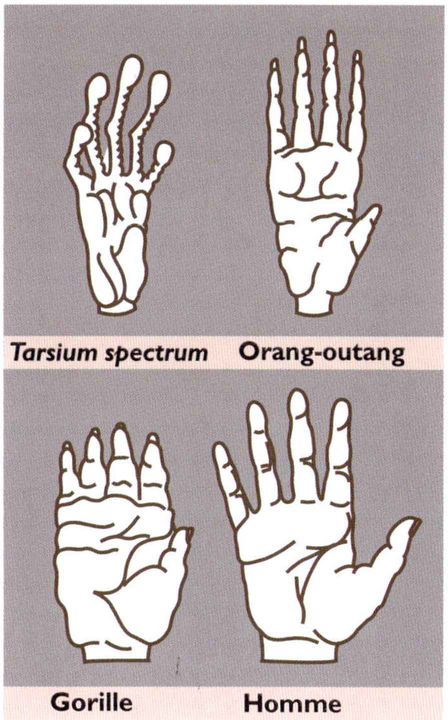

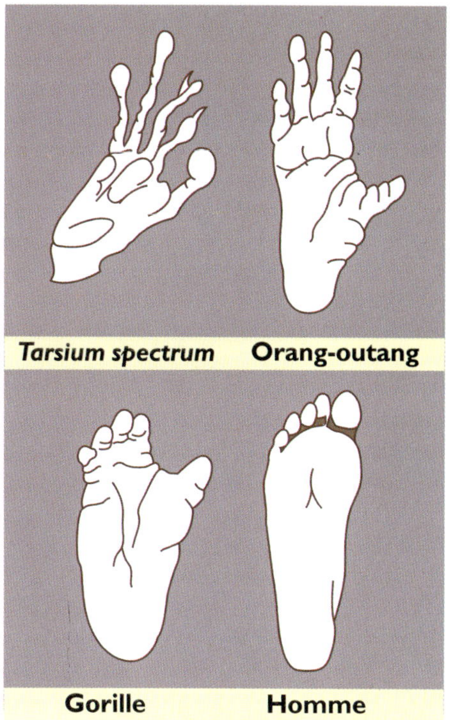

Ci-dessus : à gauche, les mains de divers primates, à droite, les pieds. Comme on peut le voir, seuls les mains et les pieds de l'homme sont très différents. Chez les autres primates, les membres inférieurs et supérieurs sont semblables.

Australopithecus afarensis

À califourchon et dans les bras

Nos ancêtres, à un certain moment de leur évolution, ont perdu leur pelage. À ce moment, il fallait que les singes mères trouvent un autre moyen pour transporter leurs petits, non plus agrippés aux poils du dos, mais dans les bras. Pour faire cela, la mère devait se libérer les mains pour tenir serré son petit. Une autre bonne raison de se mettre debout.

Chimpanzé

Orang-outang

Les hominidés : plus singes…

L'homme n'était pas encore né, mais la séparation du singe était désormais accomplie de manière définitive. Sur la Terre, de nombreuses espèces d'hominidés erraient, des êtres qui avaient conquis d'une manière stable la position debout : leur bassin était remarquablement développé, leurs membres supérieurs étaient plus courts que les inférieurs et ils savaient marcher sur deux jambes. Il y avait à cette époque plusieurs espèces d'hominidés, se ressemblant assez, mais avec des différences liées à la zone du monde où ils vivaient, et à leurs habitudes alimentaires. Il n'est pas encore possible d'établir avec précision laquelle de ces espèces est l'ancêtre direct de l'homme. Ce qu'on sait avec certitude, c'est que certaines se sont éteintes alors que d'autres ont évolué pour donner naissance à l'homme tel que nous le connaissons aujourd'hui.

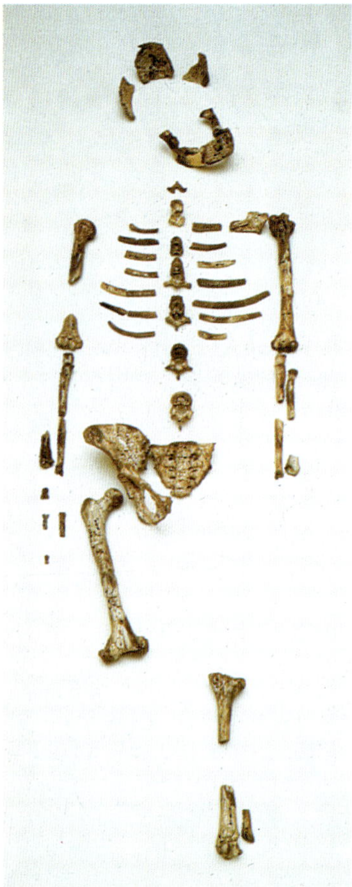

*Ci-contre, les os retrouvés de **Lucy**, hominidée ayant vécu il y a 3 millions d'années et, à gauche sa reconstitution. Elle mesurait environ 1,20 m et pesait autour de 40 kg. Ci-dessus, la localisation des restes de Lucy : cette partie d'Afrique orientale, où de nombreux restes d'hominidés ont été retrouvés, a été baptisée le "berceau de l'humanité".*

Zoom
Pourquoi ?
Qui ?
Où ?
Quand ?
Comment ?

BAPTISÉE PAR LES BEATLES

Le 30 novembre 1974, une expédition conduite par Donald Johanson effectuait des fouilles en Éthiopie. Soudain, les chercheurs ont vu dépasser de terre un coude et, en continuant à creuser, ils ont réussi à récupérer une grande partie du squelette d'une femelle d'hominidés ayant vécu sur la Terre il y a 3 millions d'années. L'enthousiasme pour cette découverte a été très grand, et ils ont décidé de donner un nom à ce lointain ancêtre trouvé sous la terre. Et, comme, dans le campement, on écoutait toujours la chanson des Beatles "*Lucy in the Sky with Diamonds*", on la baptisa Lucy. Les Éthiopiens, en revanche, l'ont appelée "Birknesh", ce qui veut dire "personne de valeur".

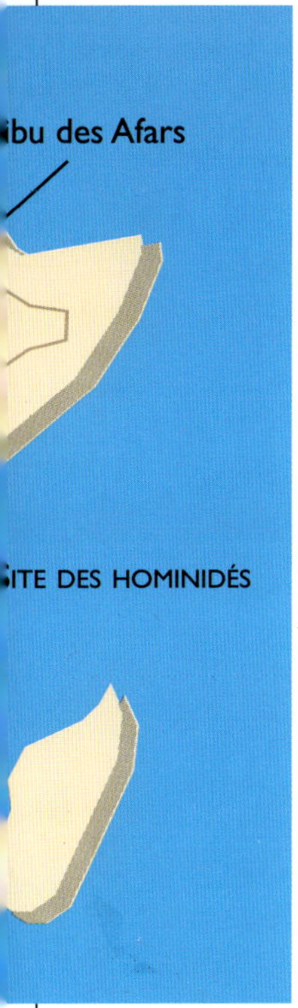

... PAS ENCORE HOMMES

En 1974, certains chercheurs ont trouvé le squelette d'un hominidé qui peut être considéré comme l'un des anneaux entre les hommes-singes et les êtres humains plus évolués. Ils l'ont appelé *australopithecus afarensis* (il a été, en effet, trouvé dans la région des Afars, en Éthiopien) et surnommé affectueusement Lucy. Il s'agit du squelette d'une femelle, haute de 1,20 m environ et d'un poids d'environ 40 kg. On sait qu'elle marchait sur le sol mais elle n'avait pas perdu l'habitude de grimper dans les arbres, ne serait-ce que pour échapper aux attaques de quelques animaux prédateurs. Elle était végétarienne, se nourrissait de fruits, de graines et de tubercules, et son cerveau n'était pas beaucoup plus grand que celui d'un chimpanzé. La dentition, en revanche, est assez différente de celle des singes, avec les dents postérieures plus grosses que les antérieures. Elle vivait en communauté avec ses semblables et elle s'occupait de ces petits.

Autrement dit, Lucy présente un mélange de traits simiesques et humains : sa corpulence est certainement plus robuste et plus trapue que la nôtre, mais le fait qu'elle ait désormais adopté de manière définitive la démarche debout la met en étroite relation avec notre espèce.

Outre l'*australopithecus afarensis,* les restes d'autres hominidés ont été trouvés, comme l'*australopithecus robustus*, l'*australopithecus africanus* ou l'*australopithecus boisei*, qui habitaient diverses zones de l'Afrique.

Tant que le rébus complexe de nos origines n'est pas déchiffré et en attendant qu'on arrive à établir lequel de ces hominidés est notre ancêtre direct, on peut sûrement considérer que Lucy représente un passage important dans l'évolution de l'espèce.

LE SAVIEZ-VOUS ?

- **Les restes** de Lucy ont été découverts en 1974 en Afrique, dans la région de Hadar (Éthiopien), un des terrains les plus riches en fossiles au monde.
- **Lucy** appartient à une espèce d'ancêtres que les chercheurs ont appelé *Australopithecus afarensis*.
- **Australopithecus** veut dire "homme-singe du sud".
- **Afarensis** dérive des Afars, le peuple qui habite la zone de la découverte.

LES "COUSINS" DE LUCY

Zoom
Pourquoi ?
Qui ?
Où ?
Quand ?
Comment ?

Robustus, *Africanus* et *Boisei* sont les trois espèces d'*Australopithecus* qui ont vécu en Afrique il y a entre 1 et 3 millions d'années. Il s'agit de créatures si proches que certains chercheurs pensent que *Robustus* et *Boisei* sont en réalité des individus de la même espèce, avec des différences dues aux diverses zones où ils vivaient. Trapus, musclés et avec de longs bras, ces hominidés étaient végétariens et se nourrissaient de racines et de bourgeons des plantes. *Africanus* mangeait probablement aussi des œufs, des insectes et des larves qu'il ramassait par terre.
Robustus et *Boisei* se sont éteints il y a environ 1 million d'années. Ils ont donc cohabité pendant longtemps avec une espèce liée directement à nous : l'*Homo habilis*.

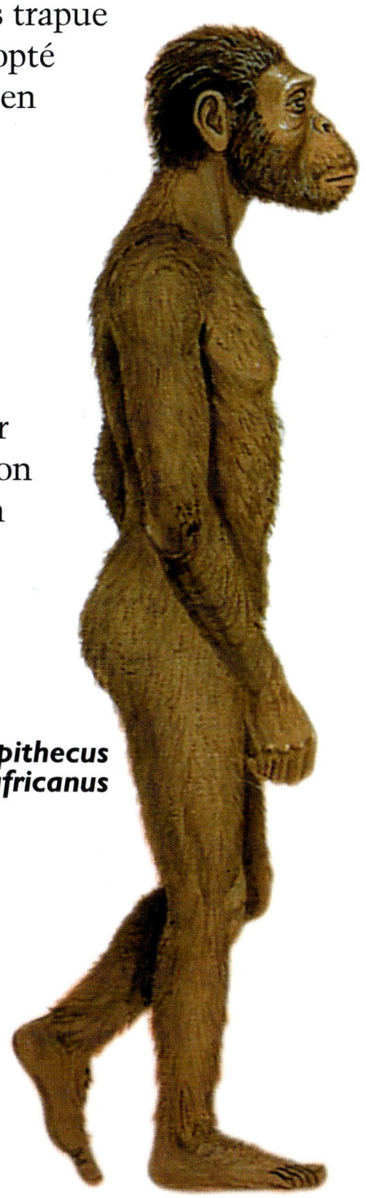

Australopithecus africanus

La dure lutte pour la survie

L'utilisation habile des mains a été un des ressorts décisifs pour l'évolution humaine. Le climat sur la Terre était une alternance de périodes de grand froid et de sécheresse. Les préhominiens étaient contraints à une dure lutte pour la survie. Pas encore chasseurs, ils se comportaient sans doute comme les hyènes d'aujourd'hui et ils se nourrissaient des restes des animaux tués par d'autres prédateurs. Pour démembrer les carcasses et diviser les restes, il fallait s'équiper de nouveaux instruments : branches, pierres, morceaux d'os : les ancêtres des premiers outils.

Le premier à pouvoir s'appeler Homme

Enfin, l'homme est arrivé. Non plus un hominidé, moitié humain et moitié singe mais, comme disent les scientifiques, "anthropoïdes". Au début, les premiers êtres humains ont dû cohabiter avec les australopithèques, moins évolués qu'eux. Mais comme ils surent mieux s'adapter au milieu, ils réussirent à survivre alors que les seconds se sont éteints. Comme l'avait expliqué Darwin, en vertu de la sélection naturelle c'est le plus fort, ou plutôt, le plus habile qui survit. Ce n'est pas par hasard que notre premier ancêtre est appelé *Homo habilis*, son habilité reposant dans l'usage des mains, non seulement pour cueillir les fruits mais aussi pour fabriquer des armes et des outils en pierre. Ce fait s'est avéré essentiel quand de nouvelles périodes de sécheresse et de froid sont arrivées. L'homme a alors pu se procurer la nourriture avec plus de facilité et faire face à l'adversité, alors que les australopithèques mouraient de faim. *Homo habilis* n'avait pas seulement des capacités manuelles, mais aussi d'un cerveau beaucoup plus gros que ces ancêtres. Mis ensemble, ces deux facteurs lui ont permis d'inventer différentes façons de se procurer de la nourriture : en dehors des plantes et des fruits habituels, il était aussi en mesure de chasser des petits animaux ou de manger les restes laissés par les carnivores, après les avoir coupés et mis en morceaux avec de nouveaux outils.

Il y a environ 3 millions d'années
L'individu qui a précédé l'homme, tel que nous le connaissons aujourd'hui, était déjà omnivore, c'est-à-dire qu'il mangeait de tout. Végétaux, tubercules, fruits, viande de gazelle, d'hippopotame, mais aussi grenouilles et escargots. Le menu a été reconstitué à travers l'étude des os et de la dentition.

Autralopithecus afarensis
(Il y a 3 à 4 millions d'années)

Autralopithecus africanus
(Il y a 2,5 millions d'années)

Homo habilis
(Il y a 1,5 million d'années)

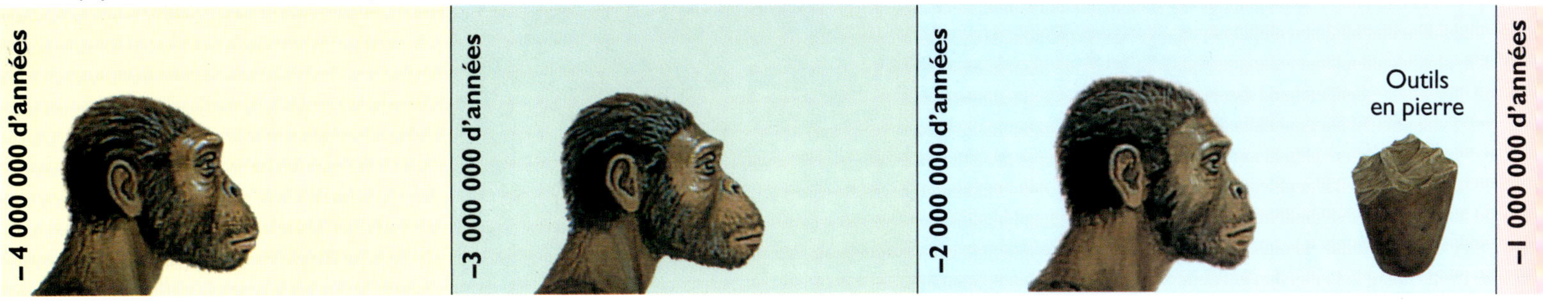

Zoom
Pourquoi ?
Qui ?
Où ?
Quand ?
Comment ?

L'ÉNIGME DU NÉANDERTAL

Près de la ville allemande de Düsseldorf, dans la vallée du Neander ou Néandertal (en allemand vallée se dit "tal") ont été découverts les restes d'un homme primitif appartenant à l'espèce Homo sapiens. Il s'agissait d'un individu petit, trapu, avec un crâne encore plus gros que le nôtre, le front oblique et l'arcade sourcilière très développée, presque une visière osseuse. Certains scientifiques pensent que ces caractéristiques permettaient à cet homme de mieux supporter le froid. Mais le problème est autre : pendant longtemps, on a pensé que l'homme de Néandertal était le père direct de notre espèce, celle de l'Homo sapiens sapiens. On est arrivé ensuite à établir qu'il appartenait à une autre espèce, proche de la nôtre, qui s'est éteinte pour des causes encore inconnues. C'est une des grandes énigmes de la préhistoire.

LE SAVIEZ-VOUS ?

La vallée allemande où on a trouvé les restes de l'homme de Néandertal s'appelle Neander depuis deux siècles environ. À l'époque, un compositeur et organiste très apprécié, Joachim Neumann, vivait aux alentours de Düsseldorf. Ses concitoyens lui ont dédié cette petite vallée en traduisant son nom allemand, qui signifie "homme nouveau", dans le grec Neander. Parce que vallée en allemand se dit "tal" l'endroit pris le nom de Néandertal. On peut y voir le présage de la découverte de l'homme primitif en ces lieux.

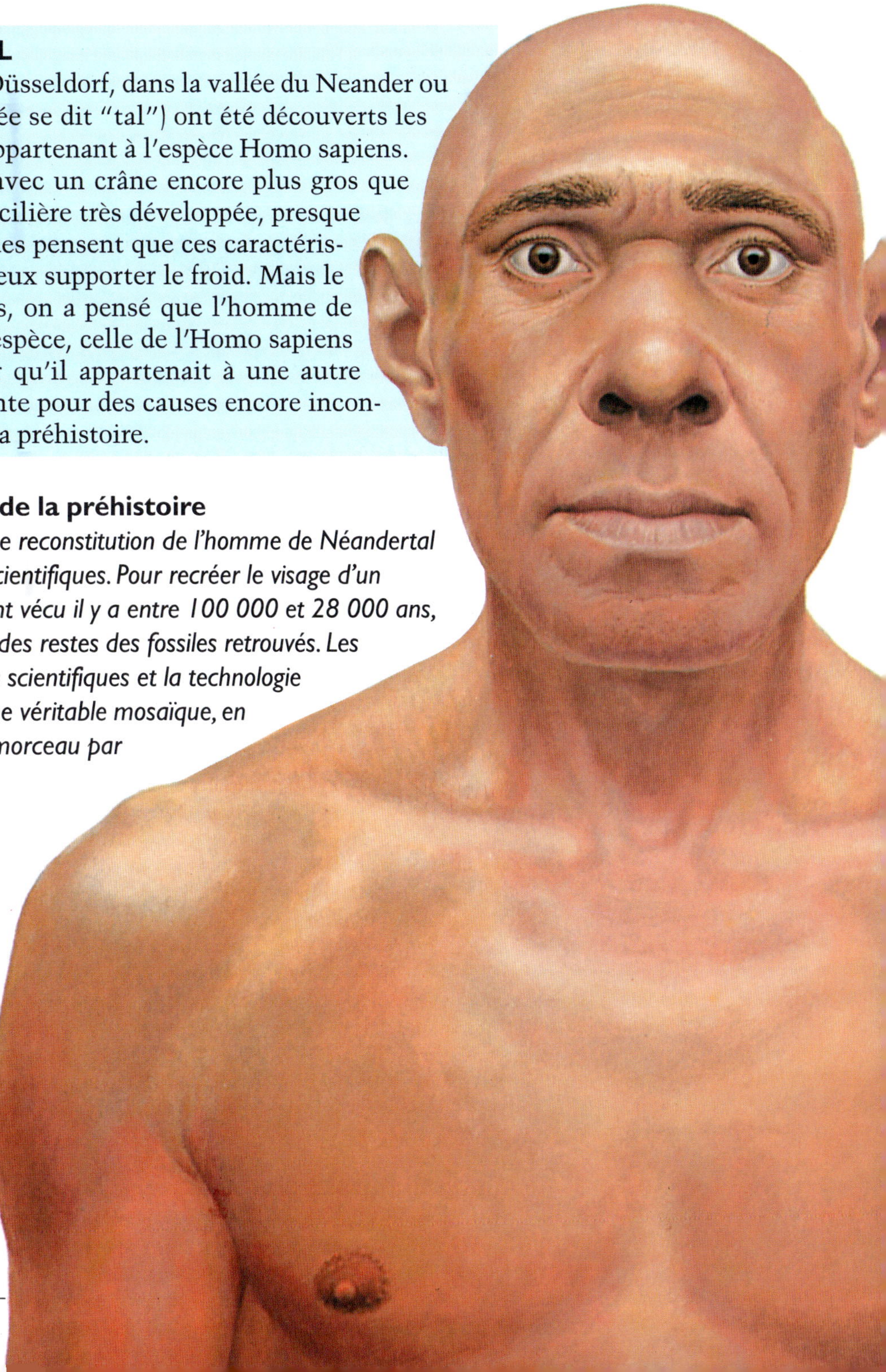

La vedette de la préhistoire

Ici à droite, une reconstitution de l'homme de Néandertal faite par les scientifiques. Pour recréer le visage d'un hominidé ayant vécu il y a entre 100 000 et 28 000 ans, on doit partir des restes des fossiles retrouvés. Les connaissances scientifiques et la technologie composent une véritable mosaïque, en l'assemblant morceau par morceau.

Homo sapiens

Avec le feu, *Homo erectus* brûle les étapes

Homo habilis a été suivi par *Homo erectus,* dont le cerveau était encore un peu plus grand (deux tiers du nôtre) et le génie toujours plus développé. On lui doit en effet l'une des plus grandes découvertes de l'histoire de l'humanité : le feu. Grâce à la maîtrise de cette source de chaleur, il a réussi à se protéger du froid glacial, à tenir à l'écart les animaux féroces pendant son sommeil, et à faire cuire la nourriture. L'étape suivante du cycle évolutif a été *Homo sapiens*, un être qui exploitait désormais pleinement sa propre habilité manuelle et utilisait tous les jours le feu. *Homo sapiens* était un fin chasseur, il construisait des lances, des arcs et des flèches avec lesquelles il pouvait se procurer des quantités de nourriture toujours plus grandes. Il vivait dans les grottes, et commençait même à développer les premières aptitudes artistiques : les graffitis et les peintures retrouvés dans les grottes représentant des animaux à capturer pendant la chasse sont ses œuvres.

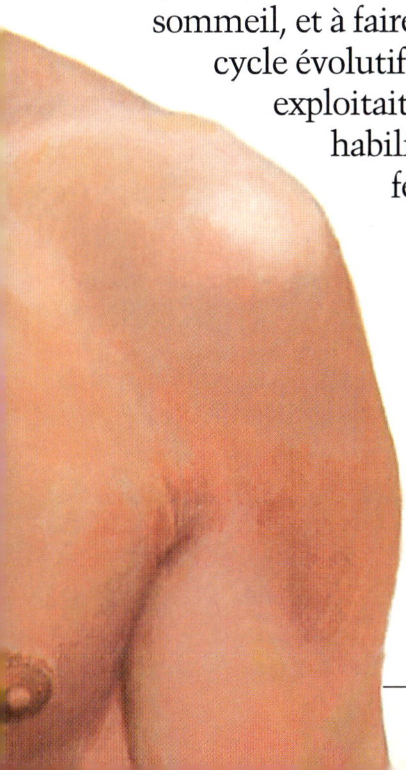

ET NOUS VOILÀ, NOUS

La dernière étape est celle de l'espèce *Homo sapiens sapiens*, espèce à laquelle nous appartenons tous. Les premiers exemplaires de ce nouvel homme, vieux de 35 000 ans, ont été trouvés à la fin du XIXe siècle, sur le site de Cro-Magnon, en France, aux Eyzies-de-Tayac, en Dordogne : son squelette et sa boîte crânienne étaient ceux de l'homme actuel. Avec l'Homme de Cro-Magnon commence vraiment l'histoire de l'humanité.

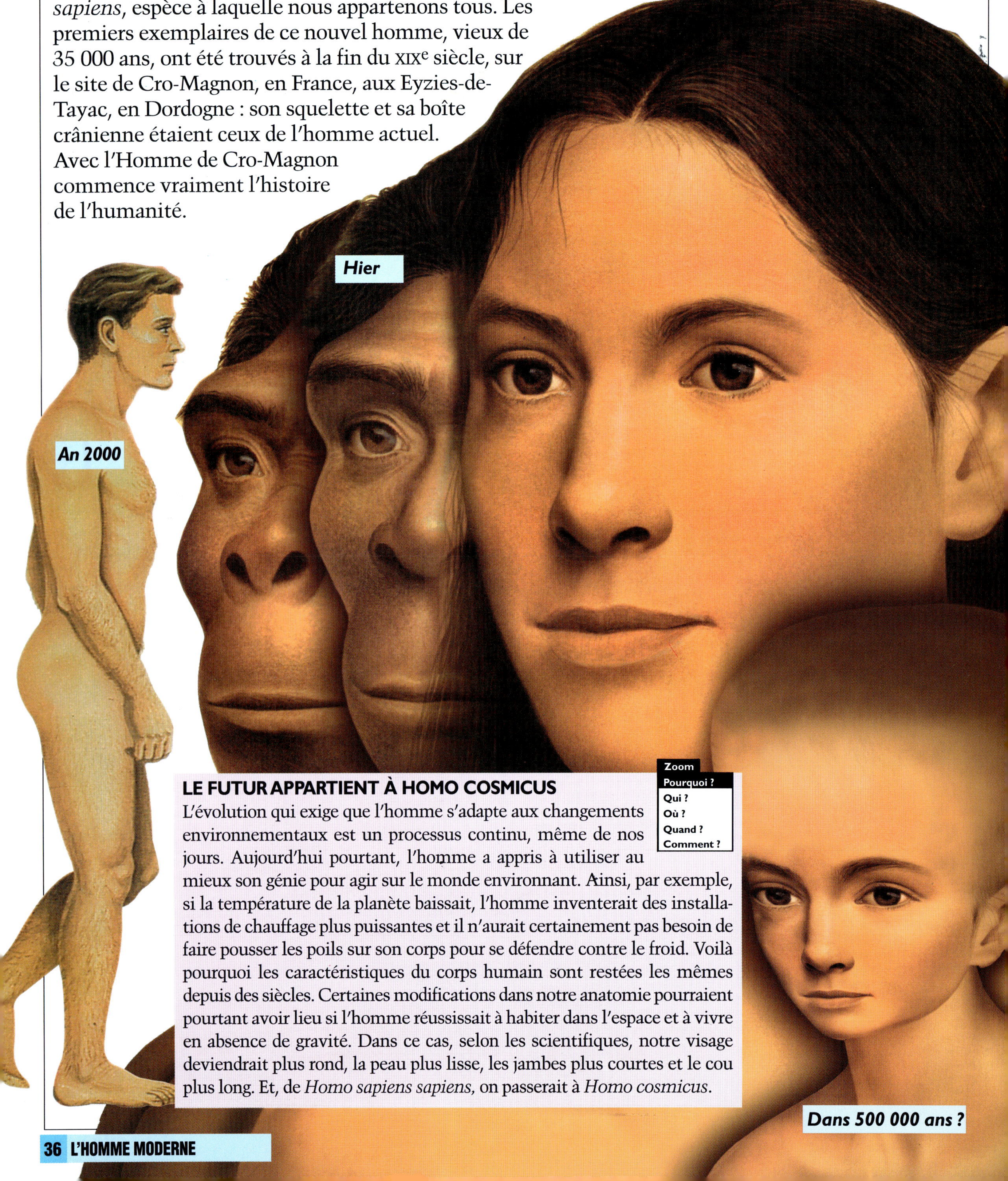

Zoom
Pourquoi ?
Qui ?
Où ?
Quand ?
Comment ?

LE FUTUR APPARTIENT À HOMO COSMICUS

L'évolution qui exige que l'homme s'adapte aux changements environnementaux est un processus continu, même de nos jours. Aujourd'hui pourtant, l'homme a appris à utiliser au mieux son génie pour agir sur le monde environnant. Ainsi, par exemple, si la température de la planète baissait, l'homme inventerait des installations de chauffage plus puissantes et il n'aurait certainement pas besoin de faire pousser les poils sur son corps pour se défendre contre le froid. Voilà pourquoi les caractéristiques du corps humain sont restées les mêmes depuis des siècles. Certaines modifications dans notre anatomie pourraient pourtant avoir lieu si l'homme réussissait à habiter dans l'espace et à vivre en absence de gravité. Dans ce cas, selon les scientifiques, notre visage deviendrait plus rond, la peau plus lisse, les jambes plus courtes et le cou plus long. Et, de *Homo sapiens sapiens*, on passerait à *Homo cosmicus*.

L'HOMME CONQUIERT LA TERRE

Avec la lente évolution du singe à l'homme, quelque chose de très important s'était passé sur la planète Terre. Un animal est né comme on n'avait encore jamais vu auparavant. Moins fort que le lion, plus lent que la gazelle, plus petit que le mammouth, mais en possession de l'intelligence et, de ce fait, capable de l'emporter sur les autres espèces.

La conquête de la Terre par l'homme a été surtout une longue lutte pour la survie. Chasser pour ne pas être chassé, aller dans des nouveaux endroits, trouver une autre nourriture, vivre ensemble pour mieux se défendre.

Quand l'homme a découvert qu'avec une simple pierre on pouvait construire une arme, il ne s'imaginait pas avoir accompli le premier pas vers la conquête de la planète. Et quand il a découvert le feu et l'agriculture, il ne s'imaginait certainement pas avoir donné naissance à un nouveau mode de vie sur la Terre.

Très longs voyages à petits pas

Lorsqu'au bout d'un long processus évolutif, l'homme, tel que nous le connaissons, a fait son apparition sur la planète, la préhistoire est commencée, c'est-à-dire la période qui a duré des millénaires pendant laquelle le très intelligent bipède a pris possession de son habitat, et l'a modifié en l'adaptant aux exigences de sa survie.
L'étrange animal qui avait appris à marcher sur ses membres postérieurs, et qui avait développé son cerveau, a commencé à utiliser ses mains, libérées, pour attraper et modeler les objets qui l'entouraient. Un matériau, entre tous, était abondant : il s'agissait de la pierre, éparpillée sur le terrain sous des formes et dimensions diverses. L'homme préhistorique a ainsi découvert qu'une pierre d'un type particulier, le silex, était très résistante mais en même temps plus facile que d'autres à travailler. En frappant un silex contre un autre, l'homme a réussi à

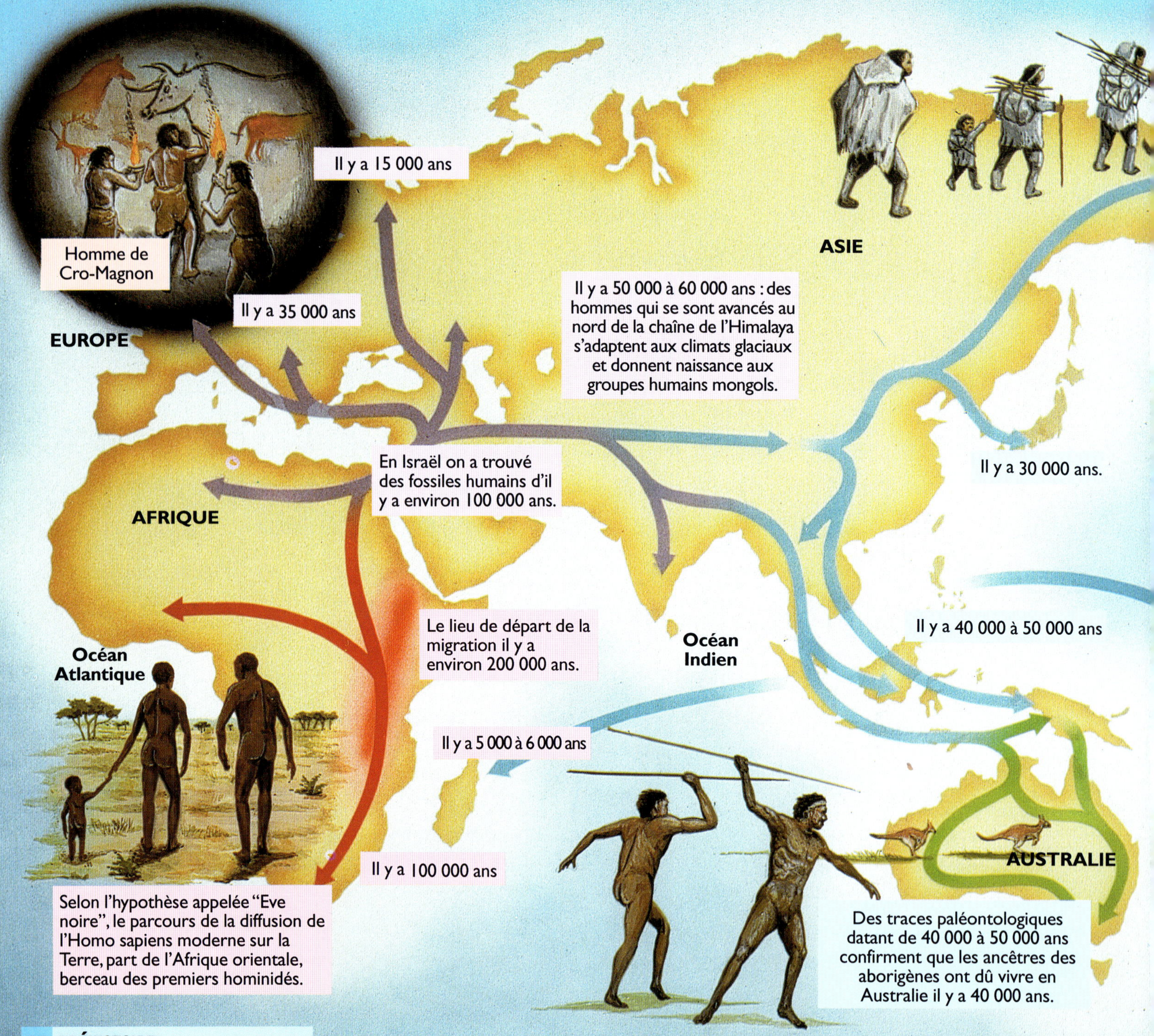

Pierre contre pierre

La pierre taillée est le résultat de technique la plus grossière mais aussi la plus efficace de l'homme de l'âge de la pierre. En frappant une pierre contre une autre, on obtient un instrument rudimentaire qui prolonge l'usage de la main. Une pierre ne sert plus seulement à être jetée contre les proies, mais elle devient un outil qui sert à couper, inciser, trancher, polir.

obtenir des outils rudimentaires qui, rapidement, se sont révélés très précieux et ont amélioré progressivement ses conditions de vie sur Terre. Le silex taillé et transformé en une pointe acérée est, de fait, devenu une arme très utile pour chasser les animaux et pour les vaincre, malgré leur force supérieure, leurs crocs et leurs griffes très affilées.

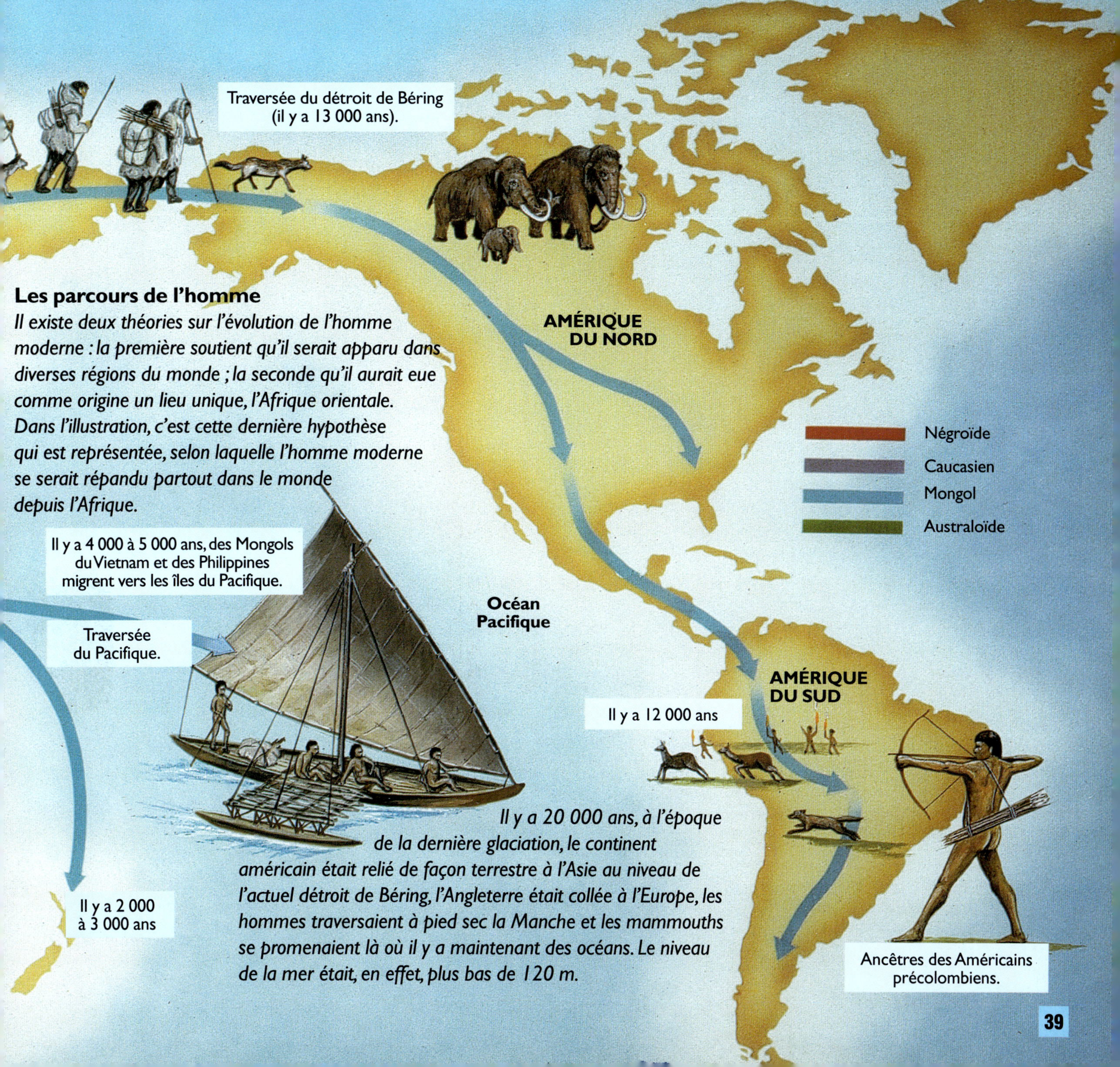

Les parcours de l'homme

Il existe deux théories sur l'évolution de l'homme moderne : la première soutient qu'il serait apparu dans diverses régions du monde ; la seconde qu'il aurait eue comme origine un lieu unique, l'Afrique orientale. Dans l'illustration, c'est cette dernière hypothèse qui est représentée, selon laquelle l'homme moderne se serait répandu partout dans le monde depuis l'Afrique.

Il y a 20 000 ans, à l'époque de la dernière glaciation, le continent américain était relié de façon terrestre à l'Asie au niveau de l'actuel détroit de Béring, l'Angleterre était collée à l'Europe, les hommes traversaient à pied sec la Manche et les mammouths se promenaient là où il y a maintenant des océans. Le niveau de la mer était, en effet, plus bas de 120 m.

L'esprit de la colline

L'homme primitif est avant tout un chasseur. Il a besoin de nourriture et, pour se la procurer, il se déplace en petits groupes de 20 à 30 individus. De cette façon, il voit d'autres territoires. Quand on monte sur une colline pour voir ce qu'il y a de l'autre côté et qu'à l'horizon on découvre une autre colline, l'envie de monter aussi sur celle-ci vient naturellement, et ainsi de suite. Peut-être est-ce ainsi que la colonisation de la Terre par l'homme a commencé.

ARMES ET OUTILS

L'une des armes les plus utilisées de la préhistoire était le biface, ou hache à main. Diffusée en Afrique, Inde et Europe, elle était pointue à une extrémité et arrondie à l'autre, avec les deux bords tranchants. En dehors de cette hache rudimentaire, on construisait des javelots avec le manche en bois et des pointes triangulaires attachées au bout, des pointes fines pour perforer le bois et l'os et des grattoirs affilés pour enlever l'écorce des branches et les polir. En perfectionnant sa propre habilité d'artisan, l'homme primitif a réussi à construire la première "machine" de chasse : un bâton creux dans lequel on insérait le manche d'un javelot et qui servait à augmenter la force de propulsion.

PRIMITIF PAR RAPPORT À QUI ?

En dehors de la chasse, les nouveaux outils obtenus à partir du silex servaient à couper en morceaux la viande des animaux chassés et à gratter leurs peaux pour en faire de chaudes fourrures à porter afin de se protéger contre le froid. Le travail des pierres est devenu donc très important dans la vie quotidienne, si bien que les hommes primitifs se sont probablement organisés par groupes de "spécialistes" (les ancêtres, pour ainsi dire, des mineurs d'aujourd'hui) qui avaient la tâche de localiser les gisements du très précieux silex et de l'extraire en creusant le terrain avec des cornes d'animaux. Au fil du temps sont sans doute apparus les premiers "techniciens", spécialisés dans la fabrication d'armes et d'outils : des artisans se chargeaient de fournir les autres en pointes de silex et en crochets en os, et qui étaient "payés" en nature avec une partie du gibier que les chasseurs capturaient.
La première phase de la vie humaine sur Terre a donc été centrée sur de simples bouts de pierre qu'aucun autre animal n'était capable d'utiliser. C'est la raison pour laquelle les millénaires qui précèdent l'histoire véritable sont appelés "l'âge de la pierre".

Techniques de travail
Pour transformer les pierres en armes ou en outils de travail, on utilisait une technique assez simple : on frappait le silex avec un caillou plus dur et on l'ébréchait jusqu'à lui donner la forme souhaitée.
Les éclats pouvaient être utilisés ensuite comme des pointes de flèches ou de javelots. Un système plus sophistiqué prévoyait l'utilisation d'un os qui fonctionnait comme le burin d'un sculpteur : en frappant sur l'os avec un caillou on pouvait modeler le silex avec plus de facilité et obtenir des lames tranchantes et bien finies.

De la pierre au bois : les premières maisons

La possibilité d'utiliser des outils tranchants a permis à l'homme d'utiliser et de modeler beaucoup d'autres matériaux naturels, parmi lesquels le bois. Une fois en mesure de couper les branches, de les élaguer et de les travailler, il disposait de la matière première pour construire des habitations, aussi primitives soient-elles : un signe évident de la totale conquête du territoire et de l'émancipation définitive de l'homme, non plus animal qui se réfugie dans des grottes, mais être intelligent qui construit des structures plus confortables pour vivre. La toute première habitation a été une rudimentaire cabane, formée de branches posées au sol qui isolaient les habitants du vent et de la pluie. À l'intérieur, on a ensuite creusé un trou, dans lequel on allumait le feu qui fonctionnait comme une espèce de "chauffage central".
Les palafittes, maisons sur pilotis, sont un bel exemple des qualités imaginatives de

Zoom
Pourquoi ?
Qui ?
Où ?
Quand ?
Comment ?

PÈRES CHASSEURS

La vie des communautés préhistoriques, extrêmement simple, était organisée de façon à garantir la survie de leurs membres. Pour cela, les chasseurs les plus valides et les plus habiles avaient pour tâche de pourvoir à la subsistance des autres. De ce fait, ils étaient considérés comme les membres les plus importants de la tribu. Pour eux donc, la vie quotidienne était pleine d'occupations, lesquelles, en dehors de la chasse, comprenaient aussi la défense de la communauté contre les ennemis, et le transport des charges pendant les migrations. Évidemment, il leur restait très peu de temps à consacrer à la famille et aux enfants.

Les premières cabanes étaient construites avec des troncs et des branches d'arbres simplement posés sur le sol. Des parois ont ensuite été fixées au sol de façon stable (enfoncées et non plus seulement appuyées) et recouvertes de peaux de bête.

l'architecture préhistorique. Construites sur des plates-formes en bois, ces maisons étaient soutenues par de longs pieux enfoncés dans le sol ou dans le fond des lacs, près de la rive. La paille et l'argile étaient les matériaux utilisés pour les parois. L'ensemble de ces maisons formait de véritables villages qui, construits sur l'eau, étaient plus faciles à protéger et à défendre contre les bêtes sauvages et d'éventuels ennemis, tout en facilitant la pêche.

HABITER UNE FOSSE

L'un des premiers exemples de cabane primitive remonte à 10 000 av. J.-C., à l'époque où les chasseurs commençaient à abandonner les grottes et à s'établir dans des "habitations" à ciel ouvert. Plutôt que des véritables cabanes, il s'agissait de fosses circulaires, d'un diamètre de 3 à 9 m et d'une profondeur de 1 m environ.
À l'intérieur de la fosse, on avait enfoncé des pieux qui se prolongeaient vers le ciel et qui soutenaient un toit en argile. Celle-ci recouvrait aussi les parois et le sol de la maison, qui contenait une cuisine avec son foyer, une chambre principale et quelques logements pour conserver les provisions alimentaires.

Sorciers et chasseurs

La construction des cabanes et des premiers villages a déterminé également l'apparition des premières formes de vie en communauté. La tendance de l'homme à s'associer à ses semblables est née, très probablement, du besoin de chasser en groupe pour mieux affronter les animaux les plus aguerris et les plus dangereux. À partir de là, on assiste à la formation de groupes stables d'individus vivant ensemble (les "clans") qui organisaient leur vie quotidienne et se répartissaient les tâches à accomplir jour après jour. Le chef spirituel de ces "clans" était le sorcier, ou chaman, une figure à mi-chemin entre le guérisseur et le prêtre et qui réussissait à se mettre en contact avec les forces de la nature. La première forme de religion rudimentaire, c'est-à-dire de croyance en quelque chose de surhumain, est donc ainsi née. Le sorcier avait pour tâche d'invoquer les dieux et de leur offrir des animaux en sacrifice, de découvrir les causes des maladies, de trouver les herbes aux propriétés curatives et de s'occuper de l'éducation des jeunes.

Qui sait ce qu'ils disaient !

Mais l'homme primitif parlait-il ? Il semble bien que non même si, d'une façon ou d'une autre, il devait quand même communiquer. Il émettait probablement des sons, en s'aidant de mimiques, une série de grognements, par exemple pendant la chasse, pour signaler la présence des proies, ou quand il se consacrait aux rites propitiatoires (dans l'illustration). Cela n'avait rien à voir avec le langage humain moderne, même si les sons étaient pourvus d'un certain sens.

LE SAVIEZ-VOUS ?

Histoire de la préhistoire. Préhistoire signifie "l'époque avant l'histoire".

La préhistoire est divisée traditionnellement en trois périodes : l'âge de la pierre, l'âge du bronze et l'âge du fer.

L'âge de la pierre est à son tour divisé en :

1. Paléolithique (âge de la pierre taillée) ;
2. mésolithique (passage entre 1 et 3) ;
3. néolithique (âge de la pierre polie).

Durée (en années) du...

- Paléolithique : 2 millions ;
- Mésolithique : 5 000 ;
- Néolithique : 4 000.

Sorcier. C'était le chef spirituel des clans ou des tribus. En même temps, il était prêtre – pour invoquer les dieux –, guérisseur et éducateur des jeunes.

Rites propitiatoires. On les célébrait en général dans les cavernes. La nuit, l'éclairage des torches, les reflets et les ombres, stimulaient l'imagination. Avec les rites, on demandait de l'aide aux dieux avant la chasse ou lors des périodes de disette, d'épidémies et autres calamités.

Rites funéraires. Les cadavres étaient ficelés en position de repos, peints en rouge ou en ocre, et placés dans des fosses recouvertes de pierres. Pendant la première période de la préhistoire, les morts étaient enterrés dans les habitations où ils avaient vécu. Vers la fin du néolithique, en revanche, l'usage s'est répandu de les ensevelir dans des grottes fermées avec de grosses pierres pour ne pas perturber le repos des défunts par la présence des vivants.

L'agriculture fait aussi évoluer la façon de vivre ensemble. Si l'homme chasseur se réunissait en petits clans et était souvent parti à la recherche de gibier, le travail dans les champs a conduit à la formation de tribus. Des groupes d'hommes et de femmes de plus en plus nombreux ont commencé à vivre en communauté. Les fruits de la terre rendirent l'avenir moins incertain et la lutte pour la survie moins ardue. La nourriture pouvait devenir abondante pour de longues périodes. De nomade l'homme devint sédentaire et sa consacra au territoire où il vivait.

QUI SÈME RÉCOLTE : UNE GRANDE DÉCOUVERTE

Le développement des premières formes d'agriculture est un autre signe de la prise de possession par l'homme de la planète Terre. Les outils fabriqués avec des pierres et du bois ont été vite utilisés, aussi, pour creuser la terre, la labourer et la rendre, ainsi, plus fertile et donc capable de générer des plantes et des fruits que les autres animaux pouvaient seulement chercher sous les arbres. Une fois labourée, la terre devait aussi être irriguée. Ainsi, les premiers agriculteurs apprirent-ils à construire des canaux, des digues et des installations hydrauliques, pour devenir, finalement, de véritables "ingénieurs". L'invention de la charrue s'est avérée d'une importance capitale. Dans un premier temps, elle a été tirée par l'homme. Par la suite, elle a été attachée à des animaux forts et inoffensifs comme les bœufs, qui sont devenus, de cette manière, les plus anciens collaborateurs de l'homme. Le début de la culture des champs a accru le besoin de travailler en groupe. Elle les a incités, donc, à vivre en petites communautés mais aussi à s'arrêter durablement dans un endroit, à s'y fixer et, finalement, à se sédentariser. Dans les petits villages qui se formaient alors, les activités étaient donc partagées entre la culture des champs, la chasse et la pêche. Il y avait même ceux qui s'occupaient exclusivement de la fabrication d'armes, de barques et d'outils.

AU TRAVAIL DANS LES CHAMPS

Pour cultiver les premiers terrains, les hommes primitifs devaient avant tout nettoyer les champs, les débarrasser des pierres et des mauvaises herbes en brûlant la zone choisie, les cendres engraissant la terre et la rendant plus fertile. Les plantations les plus répandues étaient l'avoine, le millet et le seigle, dont on a trouvé des traces en Europe centrale. En Orient et en Grèce, la culture du lin apparaît en même temps que les premières céréales.

Zoom
Pourquoi ?
Qui ?
Où ?
Quand ?
Comment ?

Parmi les premiers outils utilisés par l'homme pour la récolte dans les champs il y a la faux. Il y en avait plusieurs types. Celui du dessin de droite est une faucille primitive en bois et silex. La lame dentelée (faite d'éclats de silex) était insérée dans le manche et fixée avec une colle végétale (par exemple de la résine de bouleau).

Zoom un thème, deux réponses

AINSI NAQUIT L'AGRICULTURE [1]
Crise climatique et sécheresse

Tout avait commencé des milliers d'années avant à la fin de la dernière glaciation. Partout la température avait augmenté. La chaleur et la rareté des pluies avaient modifié l'environnement : les grandes forêts à l'épaisse végétation avaient disparu et beaucoup d'animaux, du fait de la sécheresse, s'étaient éteints ou avaient migré. Pour trouver de l'eau et de la nourriture, les herbivores furent contraints de gagner les points d'eau. Les hommes eux-mêmes se sont installés dans les vallées, près des fleuves. Les chasseurs et leurs proies ont été réunis dans l'effort commun pour combattre les effets de la sécheresse. Avec l'élevage, l'homme a découvert l'importance des ressources procurées par la domestication des animaux, la culture de la terre permettant d'accumuler les réserves alimentaires. N'est-il pas préférable d'avoir d'un troupeau de bêtes près des campements, plutôt que d'aller au loin, pendant des longues périodes, chasser le gibier ?

AINSI NAQUIT L'AGRICULTURE [2]
Charrues, femmes et bœufs

C'est peut-être la femme qui a découvert les fruits de la terre. L'homme était chasseur et il s'absentait pendant de longues périodes en quête de nourriture, alors que la femme cueillait ce que la nature offrait spontanément, par exemple des céréales sauvages comme le blé et l'orge. On peut penser que la femme a été la première à observer et à découvrir le miracle naturel d'une semence qui, tombée sur un terrain humide par hasard, après quelques semaines, germe et devient une plante. Cette découverte a été le ressort qui a poussé l'être humain à s'ingénier à cultiver la terre. Cette intuition fut lourde de conséquences pour l'histoire de l'humanité. L'agriculture a produit des transformations dans la manière de vivre et une nouvelle façon d'envisager les rapports de l'homme avec le monde animal et végétal. L'invention la plus "révolutionnaire" a été la charrue. D'abord, c'était l'homme qui la tira. La fatigue l'a ensuite poussé à penser qu'il valait mieux d'utiliser certains animaux comme les bovins plutôt que de les tuer tout de suite.

Il était une fois le mammouth

Les mammouths sont peut-être les plus connus des animaux préhistoriques. Ils étaient les plus grands de tous, beaucoup plus grands que les éléphants actuels, dont ils sont les ancêtres. Ils avaient des longues défenses recourbées et une épaisse fourrure laineuse qui contribuait à les rendre encore plus imposants. C'est justement sa taille qui faisait du mammouth une des proies les plus convoitées par l'homme primitif. Chasser un mammouth voulait dire se procurer un bonne quantité de viande à manger, un gros volume de graisse à conserver, beaucoup de fourrure pour se vêtir et recouvrir les parois de la maison, avoir à disposition des grands os longs et robustes utilisables comme pieux de soutien

Quand l'ancêtre du cheval était grand comme un petit chien

Les dinosaures ont disparu il y a 65 millions d'années. Les mammouths sont nés il y a 45 millions d'années. Entre les deux, dans un monde resté sans grands reptiles, commence l'époque des mammifères. Bien que différentes de celles d'aujourd'hui, de nombreuses espèces de mammifères se développent au Secondaire (jusqu'à il y a 2 millions d'années environ), conduisant progressivement à l'implantation de toutes les espèces que nous connaissons aujourd'hui. Un climat chaud humide et une végétation riche, favorisèrent d'abord les animaux qui se nourrissaient de feuilles. Parmi eux, on trouve même l'ancêtre du cheval, l'hyracothérium, qui, à cette époque avait environ les dimensions d'un chien actuel. C'est à cette même époque qu'apparaît le plus grand mammifère que la terre ait porté, l'indricothérium. Il pouvait atteindre 4,50 m de haut, pour manger les feuilles des plus hautes branches. Par la suite, beaucoup de ces mammifères primitifs se sont éteints du fait de grands changements climatiques, d'autres s'adaptant au nouvel environnement, d'autres encore ayant migré. Les mammouths, nés en Afrique, ont gagné toute la planète. Ils ont disparu il y a 10 000 ans (dans la petite illustration, "portrait de groupe" de quelques animaux préhistoriques).

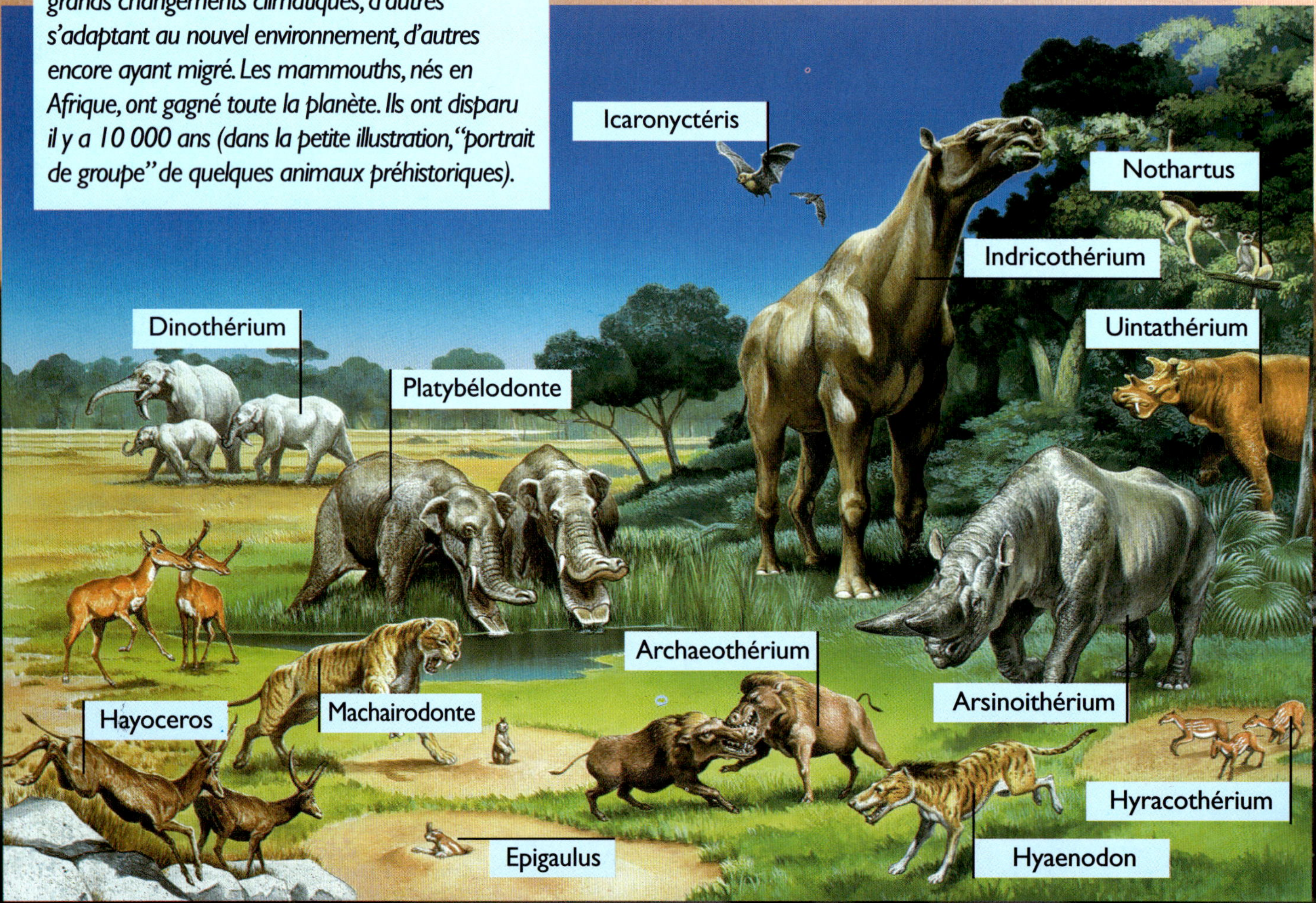

pour les cabanes et, avec les défenses, pouvoir fabriquer des armes et de nombreux outils. Il n'y avait donc pas grand-chose à jeter, dans le mammouth ! Mais la chasse au mastodonte n'était pas facile. C'était une grosse bête de plus de 4 m de haut, pouvant peser jusqu'à 7 t. Les mammouths vivaient et se déplaçaient en troupeau sur de vastes territoires. Eux aussi à la recherche de nourriture, ils se servaient de leurs longues défenses pour remuer la terre gelée ou pour combattre. Pour les chasser, il fallait donc utiliser non seulement la force physique mais aussi l'astuce. C'est ainsi que l'homme a inventé les premiers pièges : de grands trous dans le sol, cachés par des herbes et des branches, des cavernes sans issue où l'on poussait des troupeaux entiers qui restaient terrorisés par le feu, ou des falaises d'où les mammouths étaient jetés dans des précipices. Une autre méthode de chasse consistait à les attaquer par surprise, en tirant sur eux des centaines de flèches pour les faire se vider de leur sang lentement, jusqu'à ce qu'ils deviennent des proies faciles. La chasse se terminait pourtant souvent tragiquement, et c'était parfois l'homme qui était la victime de cette lutte quotidienne pour son existence.

MERCI AMI LE FEU !

Toutes les inventions et tous les progrès accomplis par l'homme dans les premiers millénaires de son histoire n'auraient pas été possibles si, en même temps que les pierres et les autres matériaux, il n'y avait pas eu le feu. La découverte de cette source d'énergie et de chaleur a été décisive pour l'évolution de notre espèce. Les premiers contacts entre l'homme et le feu ont été probablement fortuits, dus à quelques phénomènes naturels comme l'incendie d'un arbre provoqué par la foudre. Une fois que les êtres humains ont appris à ne plus craindre le feu et qu'ils ont compris son utilité, ils se sont même ingéniés à le reproduire et à l'utiliser. Nos ancêtres avaient différentes façons d'allumer le feu. L'une des plus connues était le frottement de deux pierres (des silex qu'on appelle "pierres à feu") pour provoquer une étincelle et allumer ainsi de la paille ou des branches sèches. Le même effet était obtenu en frottant deux bouts de bois ou une corde sur un bout de bois. Ces très anciens "briquets" sont encore aujourd'hui utilisés par certaines tribus. Quand l'homme est parvenu à allumer régulièrement son feu de camp avec ce genre de technique, il a non seulement gagné une très

précieuse source de chaleur mais il a aussi découvert la possibilité de cuire la viande des animaux et d'élargir l'éventail de sa nourriture. Avec le feu, par exemple, il a aussi appris à fumer les viandes, en les laissant suspendues au-dessus de la braise fumante. De cette manière, la viande se conserve beaucoup plus longtemps que la fraîche et elle peut être mise de côté, comme réserve de nourriture. La maîtrise du feu a été en outre fondamentale pour le passage de l'âge de la pierre à celui du bronze et du fer : le passage, donc, de la préhistoire à l'histoire. Selon toute probabilité, c'est justement entre les flammes d'un feu de camp que quelqu'un, pour la première fois, s'est rendu compte que certaines "pierres" (en réalité c'était du minerai) devenaient incandescentes et fondaient. Ces "pierres", en se refroidissant, devenaient très dures et résistantes.

Zoom
Pourquoi ?
Qui ?
Où ?
Quand ?
Comment ?

À TABLE AVEC NOS ANCÊTRES

À travers les restes trouvés par les archéologues, nous sommes en mesure de nous faire une idée de ce que l'homme de l'âge de la pierre cuisinait et mangeait. Le plat de résistance était de la viande, cuite sur le feu de diverses façons : sur la braise, à la broche, ou sur des pierres brûlantes. Parfois, on utilisait une sorte de four formé d'un trou dans le sol, où l'on mettait la viande enveloppée dans des feuilles aromatiques. En dehors de la viande, il y avait les escargots et des écrevisses. Comme garniture on ne manquait pas de végétaux, dont la récolte était confiée aux femmes.

Zoom
Pourquoi ?
Qui ?
Où ?
Quand ?
Comment ?

AINSI TRAVAILLAIENT LES PREMIERS POTIERS

Avec de l'argile, l'homme a commencé à fabriquer des vases et des récipients à usage domestique. Les premiers potiers roulaient des boudins d'argile et les disposaient les uns sur les autres, en anneaux superposés. De cette façon ils obtenaient un récipient qui, en l'absence de four, était "cuit" directement dans le sol, dans un petit trou au-dessus duquel on disposait des branches sèches et de la paille. Le feu était allumé et, quand la flamme commençait à faiblir, on le recouvrait de terre, pour éviter que les vases, en se refroidissant trop rapidement, ne se fendent.

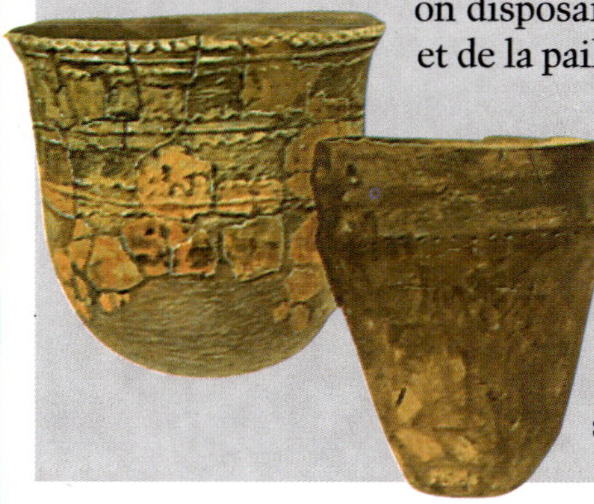

LE SAVIEZ-VOUS ?

- **LES PRODUITS MANUFACTURÉS** ("objets faits de la main de l'homme") sont les témoignages arrivés jusqu'à nous depuis la préhistoire : des armes, des récipients en terre cuite, des outils, des statuettes et même des jouets.
- **ANIMAUX CHASSÉS** à l'âge de la pierre : mammouth (le plus grand), bovins (soit pour la viande, soit pour les cornes, dont on faisait harpons et autres objets), ours (pour les épaisses fourrures), chevaux (assez sauvages et difficiles à capturer), rennes (sans défense et donc proies faciles).
- **ANIMAUX DOMESTIQUÉS** en premier par l'homme : chien, chèvre, mouton, bovins.
- **LES PREMIÈRES COMMUNAUTÉS** étaient formées de groupes d'hommes qui décidaient de chasser ensemble.
- **LE CLAN.** Le besoin de chasser obligeait les groupes à se déplacer. Plus le besoin de chasser augmentait, plus les groupes grossissaient. Ainsi sont nés les clans, ayant un unique ancêtre, parfois mythique.
- **LA TRIBU.** Clans réunis dans une communauté encore plus grande.
- **LE DOLMEN.** Vocable breton par lequel on désigne des mégalithes constituant une "table de pierre".
- **LE MENHIR.** Autre terme breton désignant une "pierre longue", un mégalithe planté en terre.
- **CROMLECH.** Monument mégalithique disposé en cercle, dont le plus bel exemple est Stonehenge.
- **LA PRÉHISTOIRE** finit avec l'écriture, qui marque la naissance de l'histoire.

LE TERMINUS PRÉHISTORIQUE

Avec la découverte des métaux et des premiers systèmes de fusion s'achève la première phase du développement humain. Une ère nouvelle commence : les descendants des maladroits hominidés, proches des singes, réussissent désormais à réaliser des œuvres incroyables dans le domaine des arts et de la technique.

Stonehenge, secret et mystère

Érigé il y a plus de 5 000 ans, le complexe mégalithique de Stonehenge est le plus célèbre du monde. Les premières pierres ont été placées en 2 800 av. J.-C., par une population d'agriculteurs et d'éleveurs. La technique était la même que celle utilisée pour la construction des clôtures en bois pour le bétail. Vers 2 300 av. J.-C. L'œuvre a été poursuivie par "le peuple des gobelets" (ainsi appelés parce qu'ils enterraient leurs morts avec des coupes en céramique, accompagnant armes et outils). L'achèvement de ce cromlech a eu lieu entre 1900 et 1600 av. J.-C. Plus de dix siècles de travail pour construire un monument spectaculaire encore visible aujourd'hui, à quelques heures de voiture de Londres. Mais dans quel but ? Les plus grandes des pierres de Stonehenge font entre 6 et 7,50 m de haut et pèsent en moyenne 50 t. Pourquoi tant d'efforts ? Au cours des siècles, les savants ont donné diverses interprétations au monument : magiques, religieuses, scientifiques. Stonehenge, temple des anciens prêtres, Stonehenge construction magique, Stonehenge édifice érigé par des extraterrestres… L'hypothèse la plus crédible est qu'il s'agit d'un observatoire astronomique. L'orientation et l'alignement des pierres du gigantesque cercle feraient penser à un instrument permettant de prévoir les éclipses (dans la petite illustration, la technique employée pour soulever les pierres).

Zoom
Pourquoi ?
Qui ?
Où ?
Quand ?
Comment ?

L'ART DES MÉGALITHES

L'évolution de l'homme est attestée par les premières formes d'art architectural, qui sont apparues dans le sillage des premiers agriculteurs. Il s'agit de monuments funéraires formés de grandes et lourdes plaques de pierre, appelées "mégalithes". Des restes plus ou moins bien conservés de mégalithes ont été trouvés un peu partout en Europe. Les scientifiques ont établi que leur élévation remontait à une époque allant de 4000 et 2000 av. J.-C. Comme les pyramides des Égyptiens ont environ 5 000 ans, ces lourds monuments funéraires représentent la première forme d'architecture de la civilisation occidentale.

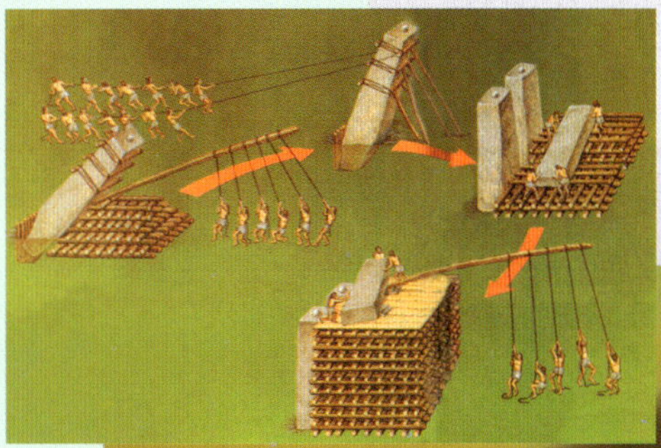

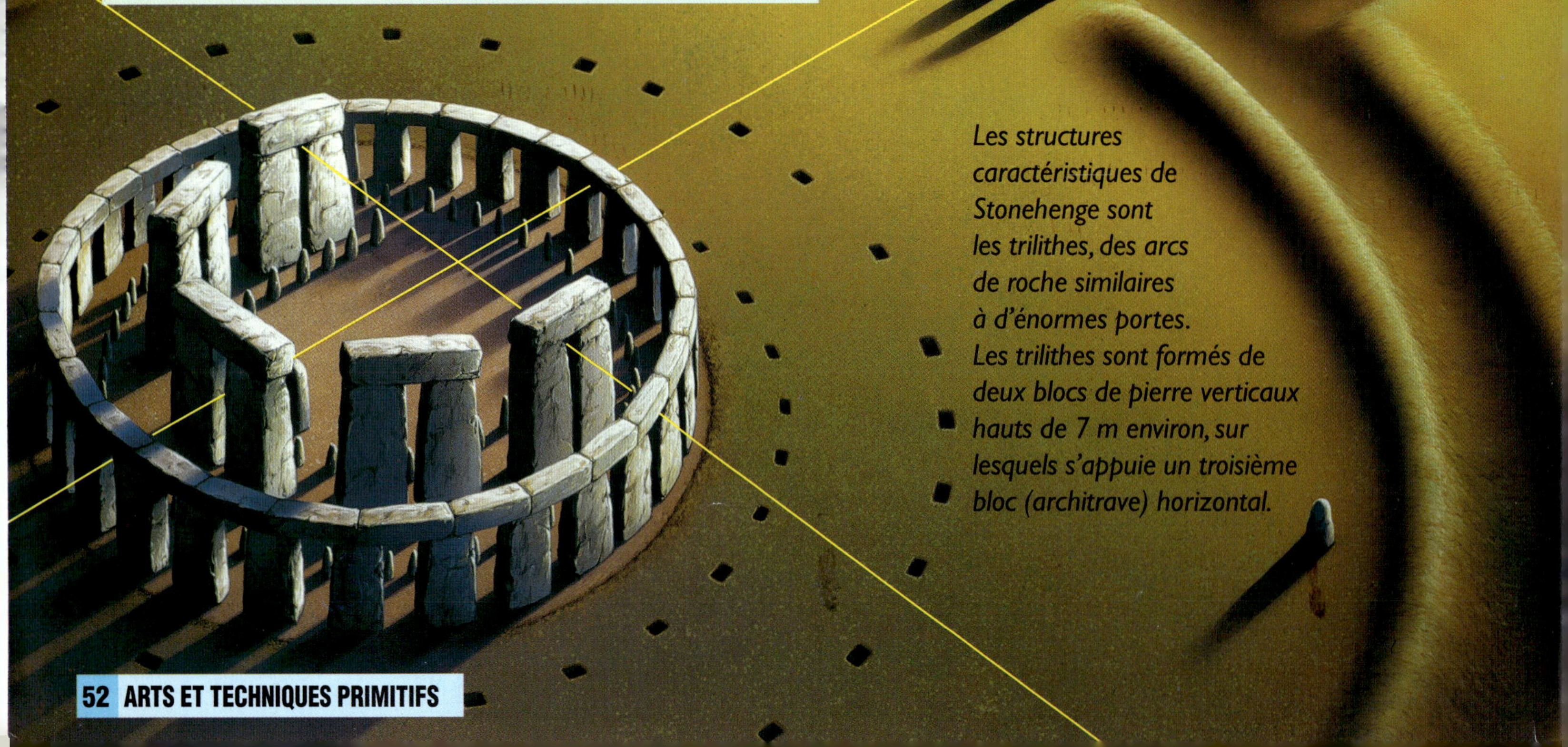

Les structures caractéristiques de Stonehenge sont les trilithes, des arcs de roche similaires à d'énormes portes. Les trilithes sont formés de deux blocs de pierre verticaux hauts de 7 m environ, sur lesquels s'appuie un troisième bloc (architrave) horizontal.